簡單的事重複做，就會有力量！

複利領導

賴婷婷——著

目次

Part 1 心態篇

「成為領袖和做自己是同義詞，就是這麼簡單又困難的一件事。」——華倫・班尼斯

Part 2

做事篇

「組織存在的目的，是要讓平凡的人，能夠做到不平凡的事。」

——彼得・杜拉克

Part 3 帶人篇

「當你還不是領導者時，成功是使自己成長。當你成為領導者時，成功是使他人成長。」

——傑克．威爾許

各界讚譽

■吳羽傑／富錦樹集團創辦人

身為富錦樹創辦人，二〇一六到二〇一七年這兩年是我與整個集團最低潮的兩年。大批的員工離職潮，營運資金出現缺口，需要將體質不佳的店快速關掉，才能讓公司延續下去；那時，我需要與一個具有正能量跟自信心強大的人一起共事。

我經由朋友的介紹認識了賴婷婷，與她交談的過程中，便感受到她不怕艱難和挑戰的性格特質，當下就決定是她了。後來，她更由外部顧問轉為與我一起攜手度過公司那段最艱困情境的人。我創立的每一間店都像是我的親生寶貝，深厚的感情羈絆讓我難以割捨，最終陷入泥沼之中。我需要一個沒有過往包袱、不被感情左右、能直面問題的人，幫助我最愛的這棵樹重生。

賴婷婷使命必達，在這兩年間，處理了十間以上的店面，經手了上百名員工的離職，協助調整公司的節奏與狀態。我把不忍心做的決定都交給她執行，而她即使遇到員工情緒反彈，也從不懼怕說真話，專注著眼於未來，做對的決定，一步步讓富錦樹集團得以重生。

本書是她累積了前半生的經驗所完成的，很值得推薦給正在管理逆境中掙扎的你。

■何炳霖／cama 創辦人、董事長

作者 Tracy 目前也正在協助我們公司的組織發展，我們在過程中受到 Tracy 許多協助，如組織架構、人資發展、職掌職責等等。有許多運用在我們公司組織發展的工具，Tracy 均不吝分享在此書之中，而此書更以寬廣的企業視野，網羅了不下三十個實用工具，讓讀者在面臨相關思考時，可以很快地提綱挈領、掌握解決問題的捷徑。

除了工具之外，本書更蘊含了許多作者實戰體驗與輔導互動的學習精華，以及許多言簡意賅的「關鍵心法」，讓人深思。我尤其喜歡書中提到的一個關鍵心法：

身為一個領導者要「make people feel good」（使人感覺良好），真是帶領團隊的核心所在。相信閱讀完本書，你所獲得的將是倍數於購買此書的投資，而且將會「利滾利」地融會貫通，讓領導更上一層樓。

■ 林宜儒／無為教育科技創辦人（曾創辦 iCook 愛料理、INSIDE 網路趨勢觀察等知名網路平台）

不曉得你是否曾經跟我一樣，偶爾迷惘，而腦海中浮現出的念頭是：「除了自己探索，有沒有人可以幫自己解惑？」我很幸運，幾次的創業經驗中，能遇到幾位人生導師、教練、顧問等人傾囊相授，伴我度過無數個迷惘又困惑的時刻，其中，與教練 Tracy 的緣分是一段非常值得一談的故事。

我跟 Tracy 曾是在同個辦公室上班、但分屬不同公司的「工作夥伴」，我們共同負責的工作是經常最晚從辦公室離開、負責關燈的加班一族。我當時對於這位前輩相當好奇，畢竟偌大的辦公室裡有幾十位上班族，唯獨就我們經常工作到最後一刻。經過幾次簡單的談話之後，才逐漸感受到，Tracy 是個非常有想法、且持續在創新與思考各種不同可能性的優秀前輩。我從小就佩服那些既優秀又努力的前輩，幸運如我，多年來一直有機會受 Tracy 許多提點、指導，漸漸成長。

聽聞 Tracy 要出書，隨即的感受是「眾人們有福了！」Tracy 的寶貴經驗與見解，終於有機會集結成冊，有系統地分享給讀者們。回想起許多與 Tracy 教練曾有過的對話，心中便開始期待，書中肯定有些我特別喜歡的「觀念」、「方法」和「工具」，將會成為本書的精髓，果不其然，有許多過去幾年來影響我甚深的實戰智慧，以非常淺白且融合了對話、故事與系統性的架構，形成了本書三大篇章：心態、做事、帶人。

人生總有某些時刻，你可能會意識到自我能力與知識的侷限，希望能尋求一些解答。本書不僅是本工具書，Tracy 的字裡行間也彷彿像個職涯教練、創業教練般，字字句句的提點似乎就在耳邊提醒著我，許多簡單卻重要的「小事」，是如何點點滴滴積累形成複利的力量，讓事情發生（Make things happen!）。

若你跟我一樣，正在試著每天自我超越，本書會是你持續精進、自我準備的好選擇。推薦你善用本書，並開始採取行動、做出改變，開啟自己的複利領導之路。

■陳明明／KKday 創辦人

每次還沒看到 Tracy 本人，就已經遠遠聽到她爽朗的笑聲，跟她聊完天，更是如沐春風、獲益匪淺。Tracy 輔導過很多 KKday 早期的年輕幹部，對於提升他們的領導力而言，成效卓著。很高興她將自己多年來擔任教練的心得化成本書，讓更多人可以透過本書，就能獲得她多年的功力，嘉惠更多的年輕朋友。不管你已經是領導者，或是正在學習領導力的路上，相信本書都可以讓你功力大增。

■黃谷涵／美好證券董事長

年輕時的我，來自平凡的家庭，卻有著渴望不平凡的心，很幸運地在年輕的歲月裡接觸到複利的觀念；如此簡單優雅的數學公式與觀念，卻隱藏著巨大的力量與智慧，隱藏著引導人們走向不平凡的光。複利是時間的召喚師，可以召喚時間成為我們的朋友，讓努力可以插上時間翅膀。簡單的事情重複做，看似很慢，但等到時間累積夠久了，自然騰飛，是宇宙裡巨大力量的方程式；投資是如此，知識是如此，創造是如此，人生更是如此。而領導，不也是如此？在浩瀚無盡的時間和空間裡，個人的才華、力量與時間是如此渺小且有限，若要面對稍微比自己更大的創造，不管是在商業上、科學上、政治上、音樂上、戲劇上，我們就需要夥伴、需要團隊。如何領導自己與夥伴，藉由更大的創造、更大的目的、更大的在乎、更大的服務，而讓夥伴與自己超越自身、共同成就非凡的成果，也讓每個人從此不同，成為一個個更美好的自己與人生，這才是人活著真正的目的啊！從認識賴婷婷的第一天開始，遠遠就能夠感受到她滿滿的正能量，她永遠積極熱情地面對所有挑戰，感覺在她的世界裡，永遠沒有難事、沒有沮喪；就是這樣的能量，也帶給身邊所有的人事物能量大提升，也就是這樣對人生充滿著熱情與能量，可以帶領人們開創出完全不一樣的美好人生。藉由婷婷眼中的複利領導，相信能帶給更多新鮮領導人在成為卓越領導人的路上，一個美好的支持與祝福。

■ 齊立文／《經理人月刊》總編輯

這是一本非常實際且實用的主管教戰手冊。實際的點在於，作者明白地告訴讀者，好主管是不斷「練習」出來的，也是一路「試煉」走來的。身為主管的你不是神，也別裝強逞能；你的團隊和員工也沒多差，就看主管怎麼啟發引導。一群人能夠一起做得好、走得遠，就是好夥伴。

本書實用的點則在於，作者當過員工，新手主管、中高階主管、企管顧問，乃至於教人如何當主管的領導力教練，職場歷練完整、多元又跨界，因而能夠站在不同的視角，三百六十度感性體會與理性拆解當主管的難處與成就感。

讀完這本書，對於認識自己、理解他人，最終在工作的舞台上發揮影響力，會有很實質的幫助。

■ **鄭俊德**／閱讀人社群主編

我們都期待能遇見生命中的貴人，但生命中的貴人不是跪來的，也不是求來的，而是先成為自己的貴人，才能遇見更多貴人。

那麼該如何做呢？本書的副書名已經告訴你答案了：簡單的事重複做，就會有力量。

何謂簡單的事呢？持續學習、友善待人，這些都是基本功；此外，透過時間來積累、建立信任，你將為自己的人生開創更大的格局，這是時間複利所帶來的影響。

我很榮幸能成為賴婷婷教練的好書推薦貴人，從她身上，我也學習到初生之犢的勇敢與好學，如同她總戲稱自己「憨膽」，不斷地接受挑戰與從做中學，這是很值得我們學習的。

你也想遇到幫助自己的貴人嗎？閱讀這本書就是一個最好的開始，讓婷婷教練幫助你調整做事與帶人（待人），透過簡單的事重複做，開啟屬於你的人生新局。

■ Matt 鄭博仁／心元資本創始執行合夥人

在談論新創公司時，我們總是容易將焦點放在創新的科技、產品或服務上，但這些僅僅只是一家公司從零到一的重點。在我看過的所有成功的新創公司中，真正能使他們從一走到一百的重要關鍵，是創辦人傑出的管理能力和領導力。

只有真正懂得領導與管理的創辦人，才能在順風時讓團隊保持高速前進，也能在遇到瓶頸時凝聚士氣、突破難關；一路上集結優秀的人才，一同往實現願景邁進，終至成功。而這些領導與管理的能力，正是展現在每一次與團隊互動、溝通的每一個小細節上。

本書用簡單易懂的文字，分享了許多實用的管理心法和工具，讓有意精進管理能力的人可以從小處著手並持續重複累積，最後如複利般滾出巨大的領導能量！

■蘇仰志／雜學校校長

還記得初認識 Tracy 時，是因為某次商業合作的洽談，當時掛著總經理頭銜的她，打破了我原本對專業經理人那種完全目標導向、勢利精準的刻板印象；反之，她可以全然放開聊教育、聊到熱血沸騰，是一位不折不扣的「文青」。我忘了那次合作有沒有談成，但後來她成為了我很要好的朋友與人生的導師。

每次與她聊天，總是覺得她有滿滿的人生解方。她特有的親切與熱情，總能很有效地傳遞訊息及能量給別人。後來熟了才知道，原來這些特殊能力是她人生過程中獨特的「雜學」經驗，而且是用一種「專題式學習」（Project Based Learning，簡稱 PBL）在真實情境「做中學」的精神，經年累月的內化，才能轉譯出這樣精彩的領導力工具書！

因為她溫暖細膩的人格特質，在讀這本書的時候，你會不由自主地一直讀下去，就像有一位一直陪伴在你身旁的教練一樣，除了具系統性、準確地提供你解法之外，更多時候，則像是一位溫柔的心理諮商師，給予你很多內在品質的對話與提升。本書從內而外都提供了強大的工具，讓人去面對人生與江湖的各種挑戰。這本武林祕笈需要用複利的邏輯服用，學習書中的心法，讓自己與團隊可以一天一天地練習改變，最終練成屬於你們自己獨有的絕世武功！

■ **龔建嘉**／鮮乳坊創辦人、大動物獸醫

很可惜，打開這本書的你，無法從文字中直接看到 Tracy 的真實笑容，這充滿感染力的笑容，是我認識 Tracy 的開始！

如果要說誰是對鮮乳坊的「轉骨」至關重要的人，Tracy 絕對是那個最重要的「教練」。我曾看過《教練》一書，得到很多收穫，而我在看完後，思考的問題是：「哪裡才找得到這種教練？」後來，Tracy 的出現，成為了公司夥伴們的企業內部教練，關於領導、關於經營、關於人生。

在體驗過 Tracy 數十個小時的企業內訓課程後，我發現那些最精華的部分，竟然都已經不藏私地寫在這本書裡了。除了豐富經驗所累積的心態與心法之外，她也

提出許多具體的管理建議，像是我很喜歡書中提到關於時間管理的三元素：「時間塊、防波堤、安可曲」，至於是什麼意思，就請你自己好好享受書本的內容吧！我相信，這本書也能成為陪伴你在工作上成長的教練。

「人」永遠是組織發展當中最重要、也最困難的事情。我們一直都想要用非傳統的方式來經營組織，希望讓每個人的潛能可以最大化地發展。感謝 Tracy 在這個過程中耐心的陪伴，也給予了太多、太多寶貴的建議，讓我們可以無懼地走在這條路上。對於即將要進入這本精彩的書本內容的你來說，只要看完，就能享有這些豐盛體驗。我很喜歡書中說的一句話：「想要看到一個組織的轉變，是沒有捷徑的，你就是要有耐心地等待，最美好的狀態才會變得真實。」

那些看似最簡單的，最不簡單。

前言
簡單的事重複做，就會有力量

所有走過的路都不會白走

每當我說自己是「文青」時，大家的反應通常是：「妳在說笑嗎？」他們無法把我的職場形象和「文青」二字連結在一起。我認為這很有趣，是因為「文青之路」不可能走成企業教練或百大經理人嗎？如果我說，年輕時，我還做過國際時尚雜誌的法文翻譯，以及世界知名身心靈大師訪台時的法語貼身口譯呢？這些看似和精準商業模式毫不相關的事，都是我曾經很喜歡做的事。

我的成長過程缺少資源、沒有背景，但即使不是正統的商業經濟科系出身，也一點都不妨礙我實現夢想。我對閱讀與寫作的興趣、對語言與學習的熱忱、一路上與數不清的朋友們的對話和探索，都是我重要的養分，也都成了我的一部分。我沒有繞遠路，而是一步步用自己的方式，變成我現在的樣子。

因此，我很適合且能夠成為「轉譯者」。我在類藝文圈時，上承老闆對商業規畫的要求，翻譯成能歌善舞且「感覺對了比什麼都重要」的團隊所聽得懂的語言，讓他們一邊扛著票房壓力，一邊仍能盡興演出。我在文創產業時，將創辦人的夢想，以具體的里程碑與數字，吸引投資者的欣賞，並讓他們掏出錢來支持。因為非科班出身，我沒有「怎麼做才合理」的菁英包袱，也能在商業環境裡保有浪漫情懷與任性。

幾年前，我曾進行過一場講座分享，聽眾超過百人，為免過度緊張，我不敢講大道理，只分享最熟悉的主題與故事。主辦方與我核對過幾次內容，最後將主軸定調在「憨膽」，他們認為我「傻傻相信、傻傻做」的特質，最能引起共鳴。在準備的過程中，我回想起一些「知其不可而為之」的時刻、一些不知道為什麼堅持的決定……我發現自己衝動又傻氣的性格，正是我用來創造聰明與精彩的日子的元素。

我在還不知道怎麼當主管前，就被放在主管的角色上了

就像所有的新手父母一樣，我手忙腳亂，不確定自己做得是否正確，不敢肯定自己這樣說、那樣做，對孩子來說是否就是最好的。我的惶恐，並不因為我的職務權責範圍逐漸變大而減輕，甚至由於我在人生下半場時，選擇了組織育成師與教練這樣的身分，因此越來越覺得領導力真是一門浩瀚的藝術，使我不斷經歷著「見山是山、見山不是山、見山又是山」的循環洗禮。

許多人在大學時就開始談論投資或創業，我則忙著談戀愛、探索某位已故法國大文豪的生平，我的人生離各種經管用語很遠、很遠。然而，這樣的我，在畢業後擔任採購，價格要算到小數點後三位，以避免匯差影響；當上總經理卻從沒看過損益表，得要扛起一間公司的營收與獲利；開始募資時，才硬著頭皮搞清楚burn rate、LP、GP、CB的意思。但這些事，都是資質駑鈍如我，只要多請教、多用功，做完也就看起來像三分樣的事。會使我自我懷疑或夜不成眠的，都不是「事」，而是跟「人」有關的情境事件。

我的職業生涯中，除了初進社會的頭兩年，其餘時間都不斷在目標管理與團隊領導所架起的世界裡求存。從一個小助理，到領導兩三百人的主管；從管理一個小部門，到管轄好幾個國家……這其中的擺盪、糾結、學習、成長，常令我覺得不可思議。老天爺為我安排的這些經驗值，是想為我準備什麼樣的道路？某個對A有效的溝通方式，怎麼對B卻無效了？曾經很懂得怎麼激勵C，為何後來與C卻像兩條平行線？前方的願景如此動人，為何團隊看不見我所看見的美好？

第一次帶領超過十個國籍的團隊成員時，在會議上有所爭論，我講不過母語是英語的人；一對一成員會談時，我也不夠會察言觀色。我的世界非黑即白，完全不理解黑白光譜中灰色的美麗。犯過錯、吃過虧、受過委屈，但這些磕磕碰碰都成為我的養分，使我在協助個人與組織發展的時候，能夠同理許多情境，進而引導對方看到一點光芒，或是摸索出一條路來。

我很享受與各種精彩的人一對一的教練互動，也很沉迷於一場又一場賦能工作坊的備課與授課過程。但是，我仍希望創造一些有效的工具，能夠穿越時間與空間的限制，讓更多人得到支持或啟發，因此起了寫書的念頭。

我們每個人都可以選擇「and」

串聯本書的一個重點，是and。這個英文單字，簡單到有點難翻譯，一般是作為連接詞使用，感覺上and前面與後面的字詞才是重點。但我想要推廣的理念，是and本身；and本身就是重要的，and就可以是我們努力的方向。

我們都太常掉入or的陷阱，以為我們只能選擇or。家庭與工作兼顧是很難的；全力鞭策團隊衝刺，就不可能與隊員維持友好關係；短期目標與長期理想會有所衝突；企業強調品質良心，就難以兼顧獲利。然而，你若不先相信and的存在，又怎麼有機會發展出and的做法與結果？

這些年的學習，讓我鍛鍊了對於and的充足信心，我相信只要走在天命的道路上，老天爺會為我安排好所需要的資源。因此，當我在四十三歲轉換跑道、成立「一人公司」時，即便一切要從零開始，得花時間重新探索並建立自己與金錢的關係，但我的心裡始終非常踏實，因為我很清楚，接下來想為自己與這個社會創造的是什麼。

水火能共生，陰陽能共存，魚與熊掌為何不能兼得？人生與事業的「需要」和「想要」這麼多，我們當然有權利選擇相信看似不可能、但其實可以擁有的「完整」。利己與利他、我好與共好，是可以發生的；追求夢想與財富自由不必是對抗的關係。當然，這不是一個簡單的過程，不是一個喊喊口號就能實現的狀態，得有企圖心，還得有方法。

你每天所做的小事，比你每年想做的大事真實且重要得多

本書的另一個重點，是複利。我對一組數字很著迷：

1.01 的 365 次方 = 37.8

0.99 的 365 次方 = 0.03

每天多做一點想做的事，與每天少做一點想做的事，隨著時間的堆疊，會產生

巨大的差異。你怎麼看待與對待自己的人生，你的人生就會那樣回應你。我不是天才，但可以是地才，每天踏踏實實地刻劃一些足跡和印記，就能為自己創造出屬於自己的體會與精彩。

剛開始學習一個新的語言時，老師總會要我們多看、多唸，讓腦袋與舌頭熟悉那個語文的結構；領導也是如此。日復一日不斷練習，就能讓大腦創造出這種迴路，讓身體記住這種感覺，一旦觀察到風吹草動，你就更能見微知著，推斷出眼前的狀態與最終結果的關係，進而儘早做準備與回應。

十年、二十年後的大事，我是想不明白的，但我在職場上大量的領導與管理的經驗，能夠協助推進個人和公司一個月至三年的進程，使人不至於卡在當下的困擾中而動彈不得。本書淬煉了我超過兩百間組織診斷、重整、輔導的經驗，以及與超過萬名創業家或專業經理人的互動學習精華，經過數次來回往返地修改，終於厚積薄發地彙整出一些容易上手的系統性做法。

一直以來，我都有「工具人」的稱號，我樂於透過學習或自行研發出能落實概念的方法，讓人可以藉由快速辨識出自己目前思考或行為上的有效性與無效性，再透過實際運用，來提升領導功力。理解概念不難，難的是「這些道理我都懂，然後呢？到底該怎麼做？」若你已經是領導者、即將擔任領導者，或者對領導角色有企圖心，本書將能同時帶給你心態淬煉與配套機制，使你想發展的一切不至於淪為紙上談兵或空中樓閣。若你是助人者、教練、顧問、講師、教學者、諮商師，本書可能也有機會為你提供一些工具，使你的分享更多元化。

我很樂意協助你去準備自己，也希望能引發你試著享受沿途的風景，體會到一切都是最好的安排。若本書能在你領導團隊或你的人生路上的某個時刻，為你帶來一點靈感與做法，協助你跨越某個挑戰，那就是我很大的喜悅。

Part

1

心態篇

「成為領袖和做自己是同義詞，就是這麼簡單又困難的一件事。」

——華倫・班尼斯（Warren Bennis）

黑天鵝事件有三個特性：無法預期且不尋常、連續的負面影響、顛覆市場或思維。以發生的頻率來看，約莫每二到五年會出現一起重大事件。這意味著，我們在正式退休前都還會經歷好幾次。當你面對這種事件，是不可能麻痺的，人的本能就是會開始擔心這個、操心那個，但是，難道我們每次都只能感到無助、沉重、怨憤嗎？

鴨子表面上看起來悠哉悠哉，水面下的雙腳可是忙個不停地划水。**想得到與他人不同的結果，你也得甘願端出與他人不同的付出。**我們都不是完人，都有不擅長或不喜歡觸碰的議題。有些課題無關緊要，有些課題若長久放著不管，一定會有反撲的一天。

所謂「逆境力」，就是即便處於外在狀況不佳、內在情緒激烈或低潮的情境下，也能使自己與團隊維持前進動能的能力。有太多人在災難性事件發生時，只想等待他人出現來解決問題，使情況好轉。你願不願意選擇在逆境中成為那個站出來掌舵的人？不為別人，為自己。

這個世界很混亂、節奏很迅速、事情很複雜，以前能解決問題的靈丹妙藥，現在已經不夠有效；於職場如此，於人生也是，你的優缺點、有效性與無效性，在波動下會更加顯而易見。特別是當你肩負著領導者的身分，你的真實性格與才能，在逆境時會更清晰地呈現出來。

你若自信，會更享受與浪頭正面迎擊的成就感。

你若謙虛，在顛覆型事務的連環湧現時，你會更加謙卑地學習。

你若沒料、傲慢、虛與委蛇，無論你願不願意，也會無所遁形。

順風船誰不會駛？乘風破浪才是真功夫。樂觀是先天個性，正向則是後天培養的態度，在這種充斥著混沌不安的時刻，就是最佳鍛鍊時機。若你平時不具備某些能力，好像也不會出什麼大亂子，但如果在情況混亂的時候，你能爬出負面漩渦，有意識地選擇以正向角度看待各式黑天鵝事件，或是直面難以預測的挑戰，就能因此長出平時很難練到的心理肌肉。及早做準備，你就能在下一次大浪來襲時更穩定、更強大，也更有機會幫助到你自己與身邊的人。

1 成為自己的貴人

我改過名字。

小學二年級以前，我叫做「招末」。對，手部的招，我多麼希望是王昭君的昭，或墨水的墨，可以賦予我的人生一點文創或詩意，但沒有，就是字面上那個意思。重男輕女的父親，希望我是最後一個女娃兒，我的名字不是我的名字，而是乘載著父母期待與失望的印記。

幸好，小學二年級時，不知道為何父母茅塞頓開，決定讓我改名字，而且還讓我自己選名字。小學二年級，是個寫作文時注音符號占了三分之二的年紀，我哪認識幾個字呢？我想到班上有個女同學，頭髮總是梳理得整整齊齊，衣服永遠乾乾淨淨，看到老師會說早，看到同學會微笑，她叫「婉婷」。但我總不能被人發現我羨慕她的名字與人生吧，所以我就自以為神不知鬼不覺地為自己選了「婷婷」，希望活得跟她一樣文靜、乖巧、惹人愛。我的父母平時也不是特別尊重孩子的那種父母，在這種時候卻全然開放，竟然也不算一下筆畫就爽快去登記了，從此，我決定了我是誰。說也奇怪，或許是因為這件特殊的「資歷」，讓我成為了一個相信自己能主導自己人生的人。雖然沒有說出來，但在困難時刻，我常常會在心中冒出一句：「我是誰？我是個可以決定自己名字的人耶！還有什麼是我辦不到的？」

還有，小時候母親帶我算過命。

其實母親是想帶我姊姊去算命，但我年紀太小，無法被留在家裡，所以母親只好把我也帶出門。到了命理師傅那兒，我以為會看到一個穿著長袍馬褂、手持編織扇葉的人。但沒有，算命先生不在廟裡，也不在偏僻的山裡，就在一間路邊的大樓裡，屋裡幾乎什麼東西都沒有，白白的牆、黃黃的燈、老老的他。我想不起他的臉，但我記得屋子裡有種拜拜的香的味道。

我自顧自地玩著，不知道過了多久，聽到算命先生指著我姊，對我媽說：「別擔心，妳這個孩子一生貴人無數，遇到困難就會有人幫助她。」我雖然不是特別會看眼色，倒也覺得大人嘛，總是會說些好聽的話，讓人覺得舒服安心點。

但說時遲那時快，算命先生突然指著我，對我媽說：「跟她不一樣，妳這個囝仔一輩子一個貴人都沒有！」需要這樣讓一個母親一下子放下心來、一下子又操起心來嗎？我不記得算命先生後面的收尾了，但我永遠不會忘記母親看著我的擔憂眼神，以及她一路上緊緊握著我的手。

或許母親的擔憂透過眼神與手心猝不及防地植入了我的腦袋裡，小時候的我在心裡暗暗發誓：「我才不需要靠別人，我可以靠自己，不讓母親擔心。」這個看似簡單的誓言，就這樣開始與我的血液一塊兒在我身體裡流動。

我就是自己的貴人

這份信念為我帶來的好處是：我能夠很快得到信任。任何任務一出現，我會跳過「他們為什麼不去做」的想法，直接進入「我可以怎麼做」的階段。我認為沒資源是應該的，有人幫才是賺到。很苦、很苦的時候，我依然不敢放棄或敷衍了事，因為「不會有貴人幫妳的，妳只能自己搞定」，這句話如影隨形地跟著我，扎扎實實地安住在我的DNA裡。

沒想到，這種目標導向、甘願吃苦、不抱怨的態度，反而很容易立下戰功，快速為我打下信譽的基礎。他人看我是衝勁十足、不畏挑戰的拚命三娘，其實不過是我認命的呈現。身為一個被「認證」沒貴人的人，我大可選擇活在受害者心態裡，很憤世嫉俗，往死胡同裡去，但何必呢？

在一路以來不求人、靠自己想方設法的過程裡，我積累了許許多多的失敗經驗，但因為我手腳快，在試錯好幾回合後，也還是來得及交出成果，甚至還有餘力幫別人的忙。一步一腳印打造出來的實戰成果，會逐漸堆疊出自己的自信與氣場。不須唯唯諾諾，不走旁門左道，正面迎擊。久而久之，微妙的化學反應發生了，職場上一對一的時候、聚會裡意料之外的朋友轉述，甚至在某些公開場合，開始有人說我是他們的貴人。原來，我提供過的小小建議或舉手之勞，已經能在某些時刻，為某些人提供某些力量。

然後，彷彿「食好鬥相報」，他們還會熱心地將我介紹給他們的朋友，說：「你們有困難，找她就對了，有病治病，沒病養身。」我雖然有點哭笑不得，覺得自己看起來有這麼閒嗎？但經年累月下來，在這裡聊聊、那裡看看的日子裡，我得到巨大的樂趣與滿足感，這種被信任、被肯定的感覺，讓我越來越喜歡與肯定自己。原來，我在不知不覺間成為別人的貴人了嗎？原來，沒有背景的人也可以成為典範嗎？

有一天，我受邀參加一場演講，跟小時候一樣的猝不及防，我突然想起那位算命先生的預言，也赫然發現，他其實是我的貴人。一個我連名字和長相都記不得的人，影響了我幾十年。

因為他，我成了自己的貴人。

你就是自己最該感謝與最值得依賴的那個人

你被賦予的天生設計，你所經歷的事，你有意識或無意識的選擇，都使你成為一個獨一無二的人。沒有人會比你更懂得如何為你的人生解套，或是創造精彩。不需得到任何人的同意，不必經過任何流程，**你擁有完全的自由與完整的權利去成為自己的貴人。**

2 別讓你的過去，綁架你的未來

你的信念會決定你的人生

看過電影《全面啟動》（*Inception*）嗎？李奧納多・狄卡皮歐（Leonardo DiCaprio）率領團隊進入別人的潛意識裡，偷取或植入某個想法。電影最後那幕旋轉的陀螺，勾引所有人去思考：「這到底是夢境，還是現實？」

過去的家庭教育、重大事件、人生經驗，形塑了我們的信念體系，在方方面面都影響著我們的想法與行動。我們自己可能沒有覺察到，現在緊抓著不放的某些觀點，可能只是源自小時候的一個極小動作、畫面、字詞、眼神、表情、物件。

舉例來說，一個小孩拿了不認識的人給的一顆糖，回家後被罵了一頓，母親說：「怎麼可以隨便拿陌生人的東西?!」這個孩子可能會在成長過程中逐漸形成一種觀點，認為「陌生人是不可以信賴的」，此觀點很有可能會影響這個人在人際關係中容易信任他人的程度。

抑或是母親隨口說一句：「你又沒做什麼，怎麼可以拿別人的糖？」一怒之下甚至嚴重打罵，孩子可能會因此發展出「天下沒有白吃的午餐」的信念。往健康的地方發展的話，他會很勤奮，一步一腳印地去換取自己想要的東西。但過猶不及，如果往不健康的方向發展，他可能就不敢休息，因為他認為一旦停下來，就無法得到想要的。抑或是他永遠不覺得自己是幸運的，好事不可能落在自己頭上，久而久之，在職場或人生中，他甚至可能會呈現一種怨天尤人的悻悻然態度。

這是很小、很淺的例子，但在面臨某些重大的傷痛事件時，大部分的人很難做到正向解讀。有些人在自己的努力或他人的陪伴下，能夠逐步看開、想通，理解「有時候不幸的事，也會發生在善良的人身上」，但也有些人不知不覺間抱持著受害者心態度過人生。我相信每個人的苦悶都其來有自，我沒意圖也沒資格去質疑每起負面事件的傷痛程度，但我想說的是，過去的事件已經不會改變，我們只能決定這件事將如何影響我們未來的人生。

有些信念是資源，有些信念是干擾

一個剛出生的嬰兒，不會覺得自己醜，不會假設自己一定要出人頭地，不會認為每個人都得有車有房才能過日子。

我們每個人都經歷過很多、很多的對話與事件，然後長出一個又一個的信念，在顯意識或潛意識層級深深影響著我們的日常與決策。

知名心理學家維吉尼雅・薩提爾（Virginia Satir）將人的內外在分為水面上與水面下兩部分，水面上的冰山代表我們看得見的行為，只占了一〇％，而位於水面下、占了九〇％的冰山，則是我們的應對方式、感受、觀點、期待、渴望與自我。

我們往往都過於糾結於眼前看見的行為，卻沒有花足夠的時間和精神去探討自己或他人水面下的狀態。若想達到轉變，只處理表層行為是沒有用的，我們得深入水面下掌握深層信念，並引發深層意圖。

我們是透過感受來與冰山下的自我連結的。由潛意識主導的情緒，比我們的顯意識負責的邏輯，更加理解我們真實與深層的需求，因此，感受通常會比想法先跑出來，這時就是啟動我們去看見與面對真實自我的絕佳機會。

你得花點時間去看看自己冰山下的信念體系，有些信念在過去支持著你，使你走到目前的人生與工作狀態，但這些信念在你實現未來目標時，不見得是最有效或最適合支持你的資源，有時候可能反而成了干擾。你要先揪出哪些信念能支持你、成為你的資源，哪些信念又會扯你後腿、變成你的阻力。

有一個簡單的區分方法，就是「資源信念」會使你的整體能量提升，精力旺盛地想要積極進行某件事；「干擾信念」則會使你的整體動能下降，覺得沉重或無奈，對必須進行的事提不起勁。

資源信念比較容易想像，例如：「我相信只要我想要，沒有什麼辦不到的」、「我知道我是被愛的」、「我是幸運的」。這些信念能帶給你美好的感受與強大的能量，多多與這樣的觀點連結，你的心理素質會越來越強大，心裡會越來越踏實。

然而，干擾信念有時有點隱晦，你不見得知道自己被嚴重影響著，像是「我不應該使父母失望」，這乍聽之下沒什麼問題，甚至可以逼迫人產生某種看起來正向的結果，例如拿到好成績或服從父母對職業的要求；但在你的心底深處，其實可能會有種不夠甘願或不夠滿足的感受。

有一個很簡單又有效的方法，可以快速地將干擾信念轉化為資源信念，句型是這樣的，把「我必須……」改為「我可以……」。例如，把「我必須符合他人的期待」，改為「我可以符合他人的期待」，當你這樣說的時候，是**你選擇**你想要符合他人的期待，「被迫」與「不得不」的感覺會減少，主導與有力量的感覺會取而代之。

你可以試著把你從小到大奉為圭臬的幾個信念寫出來，試著以「我可以……」的句型套用看看，直到你想起這些信念時，都會很自然地感覺到彈性與力量，那你就成功扭轉了干擾信念對你的干擾。

你選擇看向什麼，就會看見什麼

我在授課時會做個練習，讓大家花十秒鐘環顧教室裡所有紅色的物件，然後請大家閉上眼睛，說出有哪些紅色物件，幾乎每個人都能說出好幾項：某人的唇色、某人的衣服圖樣、椅子上的標籤、簡報裡的色塊、冷氣的紅色燈號、錶帶、運動鞋、保溫瓶、紅筆蓋、飲料瓶身上的紅字……。接著，我請大家說出哪些東西是藍色的，大家會啞然失笑，覺得被我耍了，因為他們根本沒專心找藍色物件啊。

我們的運作就是這樣的，你的大腦下達什麼指令，你的身體就會執行。當你持續想看正面的東西，就會看見越來越多正面的資訊；當你專注看著負面的人事物，那你也絕對能得到越來越多的負面資訊與能量。

我不是鼓吹每個人都得盲目、時時刻刻地感受正能量，這不可能是常態，但我希望我們都能縮短沉浸在負面情緒與行為之中的時間，因為這種狀態無法使我們更靠近我們想要的美好未來。

你有能力為自己種下信念，就有能力為自己調整或移除信念

當你說出「我就是什麼樣的人」時，等於是將你的未來雙手奉送給你的過去，你的人生將越來越固化，越來越沒有驚喜。

薩提爾說：「我們無法改變過去的事件，但我們絕對可以改變這件事對未來造成的影響。」藉由鬆動部分限制性信念，就能使我們看見更多可能性，進而發展出更有效的行為模式，來支持我們達成所欲的目標。

當你產生負面感受時，別急著壓抑情緒或批判自己，可以稍作停留，看看是過去的哪個事件或信念正在干擾自己。試著把自己當作第三者，追蹤自己的意識是如何流動的，觀察自己的思維路徑，聽見那些稍縱即逝、卻真實存在的內在聲音。

這件事說難不難，說簡單也不簡單。不難，是因為只要你拿起筆，不帶任何批判，只是單純且忠實地記錄自己的思緒，就能協助你更清晰地看見自己。不簡單的地方是，也許你得持續做上好一段時間，才能看出自己的模式，分析自己的信念，進而調整自己的行為，使所欲的目標更容易實現。

我們無法改變過去，但絕對能掌握未來。透過一次又一次的練習，從感受與想法中淬煉出能夠支持你前進的資源和動能，你才會是自己人生的主人。

3 用動詞活著，才是本事

沒了頭銜的你，是否還值得被認識與聽見？

因為職業的關係，我在人生中遇過大量的人：採購時期遇到大量廠商、獵人頭時期遇到大量專業經理人、私募基金時期遇到大量新創夢想家、文創時期遇到大量惺惺相惜的同業、教練顧問時期遇到大量領導者。有時看見名片簿裡的各種人士，會覺得命運真奇妙，我何其有幸，竟然能與這麼多精彩的人有過一時半刻的交集。

在搬過幾次家後，名片都丟失了，再加上後來以應用程式數位管理名片，就幾乎不拿紙本名片了，但我對於兩張名片的印象很深刻：其中一張，是某個餐飲集團的創辦人，那是一張白色的直式名片，上面只有在正中央用標楷體印著他的中文名字，左邊則有中文數字的手機號碼，單調無趣卻霸氣十足。另一張，是某間公司的執行特助，橫式名片的正面，除了列出各種聯絡方式之外，背面則印著約十來個機構的職務，某國際協會理事長、某兩岸促進會創辦人……名號看起來都十足響亮，只是我一個都沒記得。

在離開業界之後，我開始以自我品牌走跳江湖，也花了一些時間適應「我就只是我自己」。我當然問過自己：「當我不再是某公司的某經理，我的意見還有多少價值？」現在能有機會寫下這些文字在書裡分享，當然，我是順利度過了這段自我懷疑時期，但我的確能清楚感受到，把自己放在某個頭銜後的安全感，是多麼令人著迷。

因為我認為自己沒貴人，所以一直很用力地活著。當然，太過用力會產生後遺症，我也付出了一些代價。但整體而言，我很慶幸過去不會狐假虎威地過度依賴某些名詞，例如我的公司是某知名企業、我的老闆是某董事長。我一直有為自己做好定向；我自己真實做到的事、確切走過的路，才是我能帶走的，也才是我真正的價值。帶著這些歷練，我成功地將知識變現，在分享經驗或建議時，心中感到踏實。

以「是—做—有」策略來發展自己

心理學界有個「暗示效應」（effect of hint）的理論，指的是在無對抗的條件下，用含蓄、抽象、誘導的方式，對人們的心理和行為產生影響。就像星座學一樣，某個狀態聽起來的確跟你本人很接近，但你不太確定是本性如此，還是因為從小看了很多的星座分析，導致潛意識與意識相互搭配，朝那個星座的行為靠攏。

倘若我們心中有一個想要變得更好的模樣，那麼透過自我暗示來得到力量，不是一種很好的途徑嗎？與其有意無意地受到外界不夠精準、甚至不夠友善的暗示，不如自己掌握這門技巧，並且形塑自己的心理與人生樣貌。身為一個熱愛工具的人，我要分享一個我學習到的威力強大的自我發展方法，叫做「是—做—有」（be-do-have）。

這個世界通常是以「有—做—是」（have-do-be）的方式在運作的，舉例來說：「當我擁有很多錢（have），就能去環遊世界（do），當我這麼做了，就會感到無比快樂（be）。」這邏輯很熟悉吧！然而，「是—做—有」則是相反的運作，其精神是：你先決定自己是什麼樣的人（be），你就會做什麼樣的事（do），你所想要的結果就會是自然而然的產物（have）。例如：「我是個快樂的人（be），因此無論做什麼，我都是抱著快樂的心情（do），那麼我與周遭的人就容易感到快樂（have），我根本無須汲汲營營地追求。」

有時候，我在教練或授課時會帶到這個觀念，有學員會問我：「我想要是個有錢人，但我就是沒錢啊，那要如何套用這個觀念？」我的回答是，你可以更有彈性地定義「有錢」，因為你想要的其實是財務自由或富足的感覺，所以你可以自我定向的是：「我是個富足的人（be），我做得到富足的人會做的事（do），因此我擁有身心靈的富足感（have）。」

我真的深深被這個概念影響著。接觸到這個工具時，我管理著三十幾個人，每天忙到焦頭爛額，不只與家人的互動很少，與自己的對話更少；我覺得自己不斷被任務追著跑，時間永遠不夠用。後來，我很有意識地練習「我是個富足的人」的概念，不以匱乏感出發，而是去建立我與富足感的關係。結果，除了原本的團隊外，我竟然陸續又接下兩間公司的營運，且還抽得出時間去當志工，更重要的是，幾乎每個週末，我都能帶女兒出門走走，這根本是之前的我不敢想像的日子。

「是—做—有」不算是個新鮮的概念，跟「吸引力法則」、「心想事成」有異曲同工之妙，但我認為此工具更強大的地方，是從人的身分去啟動事情的實現，比全然依靠宇宙能量來得具體、有感一些。想要調整成以「是—做—有」來主導自己的腦袋、心境與行為，這並不容易，過程中需要與強大的慣性持續進行拉扯及對抗，而我就是抱著「傻傻相信、傻傻做」的憨膽，興奮、虔誠且積極地鍛鍊著。

為自己訂下「人生關鍵字」

還記得小時候的考試嗎？通常有選擇、填空、問答三種類型。我最喜歡的題型是填空題，因為比起選擇題的不確定感、問答題的困難感，填空題帶給我的是一種

「對賭感」，我總覺得填空題旁的那兩個括號在不懷好意地瞧著，挑釁地看我是否有辦法填滿中間的空白。我要麼就是毫無頭緒，放棄填上任何文字或數字，要麼就是有超過九成的把握，一筆一畫寫上那個我認為正確的答案。

如果你的人生從起點到終點是一道填空題，你想要放進什麼字？有太多人把自己交付給偶然、交付給他人，卻不願花心思去思考自己想活出什麼樣的人生。最後，因為一切都不是自己決定的，面對所需面臨的情境就變得不甘不願，即便不怨聲載道，也過得索然無味，這樣可以、那樣也罷，隨波逐流。

坦白說，直到第一次擔任總經理時，我都還沒有什麼自我發展的意識。我就是不斷重複「訂目標、衝刺、達標」的循環，全部精神都花在排除障礙與困難。我玩著公司的遊戲規則，扮演著應該扮演的角色，被動地被公司的節奏推著走；我覺得自己好像掌握了一切，卻什麼也沒擁有。

然而，這一天終究會來到，我無法忍受自己只是一個達標機器，我不想只做我能做的事，**我想要做我想做的事**。

蘇格拉底（Socrates）說：「未經審視的人生不值得活。」（The unexamined

life is not worth living.）人生上半場，我不假思索地過著自認為負責任的人生，扮演好一個女兒、太太、媽媽、僱員、主管的角色；人生下半場，我決定為自己的人生設下「精彩」與「負責任」的關鍵字。想做的事就去做，想說的話就說；我會認真工作，也會全力體驗人生。很奇妙的是，當我選擇了我的關鍵字，整個人便變得越加鮮明，吸引力法則也不斷將很多我想要與需要的元素，匯集到我的人生中。對我而言，**我負責任的對象，從別人變成自己，我為我的人生負責任。**

為你的人生下一個關鍵字吧！讓這個關鍵字成為你人生的鑰匙，當你說出或想到這個關鍵字時，就能引發你的能量，協助你的判斷，落實你的想望，打開你的可能性。

4 濃度最高的自律，能使你獲得最大的自由

自我領導是領導他人的第一步

沒有人會真心佩服或尊重根本無法把自己搞定的人。

當你從表現良好的個人貢獻者，擢升為主管角色的那一刻起，不論你是因主動選擇或被動指派而擔任領導者，也無關你的位階是基層還是中高階，你的優點與缺點就是會被同步放大，因為有那麼多雙眼睛觀看著你的行為，評估著你的決策品質。

假設你是有個人魅力的人，那麼恭喜你，就像中了娘胎樂透，你將能相對容易地取得某些門票、享受某種程度的好處，但也僅此而已，這無法確保你在領導路上走得長遠。倘若你不算是有天生魅力的人，那更應該扎扎實實地、該怎麼樣便怎麼樣地去努力。

我常比喻，我們每個人都像一方土壤，播種、澆水、施肥，不是一次兩次的事。若想要持續豐收，就得持續耕作，並且懂得依據春夏秋冬、晴天、下雨、颳風的變化，調整配套的施作方式或防範措施，才不至於一個不小心讓心血付諸流水。

沒有人能隨隨便便成功

曾聽過一句話：「你必須非常努力，才能看起來毫不費力。」講得真好。你看到有些人一出手，事情便能迎刃而解，那可不是天生滿手法寶，而是被逼出來的能幹與經歷。

你過去的才幹與實績，使你做到你目前的位置，但想要坐得穩、坐得踏實，你得列出幾項你還必須持續精進的能力，然後很有意識、具有節奏地推進。

太多人只想要或只會被動地反應，意思是當情境發生，才自然而然地去面對與學習，然而，倘若某些領導議題並非是經常遇到的情境，個人發展出相關能力的時間就會被拖長。

舉例來說，溝通的下一個境界，是衝突管理，這也是使許多新手主管、甚至有經驗的領導者都吃盡苦頭的一個痛點。你不需要遇到衝突，才開始學習衝突管理，你可以預做準備。就像是你去參加鐵人三項比賽，能不能毫無準備就直接上？當然可以，但你會非常吃力。比較好的做法是先做點功課、安排鍛鍊計畫，你就會在賽前事先理解並體驗到身體的「超補償」階段；你將能駕輕就熟地運用氣息與肌肉，使你達標完賽。

我在擔任教練時常用的一個工具，叫做ＩＤＰ（Individual Development Plan，個人發展計畫），是個簡單好用的方法，每個人都能用來督促自己。ＩＤＰ包含四個部分：

㈠選定有感的「發展方向」

寫下發展此事對你個人的意義，或是對你的團隊與組織的重要性。例如，「敢於要求」：當你與一些夥伴從同事關係轉變為上下關係，很多人面臨的第一個痛苦課題是，不知對於目標應該踩得多硬、立場應該有多堅定。與其糾結於這個問題的答案，不如先釐清擁有這項能力之於自己目前角色的重要性與意義為何，這樣你會更明白自己為何要進行這項鍛鍊。一旦把初衷想明白了，執行過程中遇到阻力或卡關時，就能回頭看看這些意義與重要性，提醒自己不要半途而廢、虎頭蛇尾。

㈡訂出具體的「發展目標」

透過包含具體時間或數字的清楚指標，能讓你實際感受到自己走在實踐上述發展方向的道路上。有些領導力目標相對容易訂定具體目標，例如「一年內培養三個接班人」、「實現第一季營收目標」。然而，要為某些領導力發展方向訂出具體目標，似乎不太容易。我有一個很簡單的方式，就是「量化評分」，意即一到十分

（十分為最高），以直覺給出的分數；這分數雖然看似沒什麼標準，但很妙的是，每個人都給得出分數，也說得出原因，這樣就能有基本參考值。以「敢於要求」的領導力目標為例，你可以在ＩＤＰ開始前先給自己一個評分，然後希望自己六個月後從幾分提升到幾分。若你想更客觀一些，甚至可以去問三至五個重要關係人，例如你的部屬、主管或頻繁協作對象，對你「敢於要求」的直覺評分是幾分。當你的ＩＤＰ結束時，再去問問同一批人的評分。最後，你就可以從自己與他人的評分中，以主客觀的角度來了解自己是否有在前進。

㈢動態調整「行動計畫」

為了實現目標，你會願意每天、每週或每月實踐的動作是什麼？例如，若你想提升一對一會談的能力，你可以把這件事從「有空才做」轉為「主動發生」，直接將三個月內的一對一會談時間發出會議通知、讀一本相關的書、每週看兩個相關的短影片、請教其他較有經驗的主管……。有人問過我，要列出幾項行動計畫，才是好的行動計畫？我認為幾項不是重點，關鍵在於列出這些行動項目後，你對於達成目標感到有信心，那就會是好的行動計畫。然後，依據你執行的程度，動態調整其中的項目，將有效的留下，無效的則以新的行動項目取代。

(四) 設定三至六次「成果檢視」

你可以自己進行，也可以找人協助你，客觀地檢視過去你對這個發展項目的投入程度、你從鍛鍊過程中經歷過的體驗，以及你得到的實際成果。根據我的經驗，若你在整個過程中都覺得輕鬆自在，那你可能並未訂定出最適合的行動方案；反之，當你在過程中體驗到一些不熟悉感、不確定性、挫敗感，才是你正在發展新的領導肌肉的證明。畢竟當你感到氣喘吁吁，才是你正在走上坡路的時候。

你是什麼樣的人，就會吸引什麼樣的人跟隨

團隊行為或結果的呈現，不過都是你的鏡映。若你是高效的人，團隊裡自然不會有慢郎中；若你是勤奮、有紀律的人，你的團隊就不會散漫地三日打魚、兩日曬

網；若你喜歡與人為善、循序漸進，團隊自然能向你學習和諧溝通的風格；若你享受衝鋒陷陣、眾人喝采，同隊的人當然也更容易呈現磨刀霍霍、捨我其誰的積極態度。反之，若你是個習慣推諉塞責、等待事情發生的人，就不可能有擅長解決問題的人想要加入你。

這幾年，我認識了一個叫做「人類圖」的工具，是一套結合占星、易經、星象學的系統性工具，用來研究人們的特質與行為。其中，我有一條 5-15 韻律通道，當時我光看書籍或網路資料，都完全不得要領，這是指我很有韻律感嗎？那可真不準，我唱歌或跳舞都超級沒有節奏感的。直到我開始下功夫、報名課程、認真學習，才知道這是指我很喜歡且擅長創造各式各樣的規律，這種規律感能使我感到很自在，進而將自己的能力與能量發揮得很好。

因此，我終於更加明白為何這樣的天生設計，在工作上能使我如魚得水，因為我非常享受建構與調整框架、打破與制定遊戲規則的過程。

你自律的能力，決定你自由的程度

當我還在領固定薪水的時候，很羨慕自己開工作室或當老闆的人，覺得那樣的日子真好，可以睡到自然醒，而且想出門的話，不用在週末人擠人，還能享受許多週間才有的消費優惠方案。當我開始接案後，才發現自由是需要付出更大的心力去維護的。是的，我的確可以不用在上班時間出門，但我幾乎沒有下班時間，因為我的收入完全連動我的任務完成度，而不是與時間掛鉤；沒有人會因為我的工時支付酬勞，他們只會看我的產出與效果，才不來「沒有功勞，也有苦勞」這一套。

我沒有老闆，不會有人拿死線（deadline）綁架我，當然也沒有人會循循善誘、提醒我哪裡可以做得更好，我的量與質都得靠自己把關。當我趕工到半夜時，小魔鬼會跑出來說：「編個理由，過兩天再交也不會怎樣。」當我為了某一頁教案的例子，翻查無數資料時，小魔鬼也會靠近，對我說：「沒關係啦，舉個非同業的例子就過去了。」但是，你自己知道，你必須過得了自己那關，你要對得起的人不是別人，而是自己。這樣默默的自律及自我把關，他人絕對能從你的產出與互動中感受到，久而久之，即便是接受報酬的服務提供者，你也能成為握有話語權的人。**你的紀律與你守護的那把尺，會隨著時間的堆疊而回報給你**，使你有談判的籌碼，為你架出自由的空間，進而擁有更自在的人生。

5 讓事情發生，而不只是等待

主導就是選擇看向目標，由「創造」出發

我的工作坊常以下面這個破冰活動開始，流程是每個人須在一分鐘內，與至少六個人分享下列三個資訊：

- 我是……。
- 我現在能量 X 分（滿分十分）。

• 因為……（說明自己選擇這個分數的原因）。

我的課大多是早上開始，所以很常聽到學員因為沒吃早餐、沒睡飽、天氣太熱或太冷，而選擇了一個能量較低的分數，例如三至六分。另外，也有選擇八分的人，他們自認為平常是十分的滿分狀態，但因為今天比平常早起、來不及買早餐，所以略扣了一兩分。同樣沒吃早餐，有些人選擇被影響到只能有三分的呈現，有些人卻只被影響了一到兩分。還有一些人則分享，因為可以從工作中暫停、進行充電學習；因為沒什麼值得不開心的；因為早起，中午會吃頓好的來犒賞自己，所以心情很好……他們因為種種原因，而選擇了滿分的高能量分數。

這個練習有趣的地方在於，有些人會在過程中改變分數。有些人一開始選擇六分，但因為遇到好幾個能量滿分的人，或遇到自己比較熟的人時，無形中也覺得能量增多，就會改為八分。

分數沒有好壞對錯，就像溫度計一樣，指針指著三十六度或八度，本身是沒有任何意義的。我想透過這個練習，讓大家看見並思考的是：你決定自己狀態的慣性是什麼？為什麼你習慣選擇讓外在環境、某個事件或某個元素，對你造成負面影響？發生負面事件，就一定得產生負面能量或感受嗎？何況有些情境根本連負面都稱不上，只是與平常熟悉的情境不太一樣。

你專注看什麼，就會看到什麼。你若選擇看向目標，以「創造」出發，就會看到可能性或資源。那些選擇滿分的人，承受著相同的環境條件，但重點是他們選擇看向目標，把能量聚焦在他們所欲達成的焦點上，因此就能免除干擾，決定自己的狀態。這些人，之於他們的人生，相對擁有較多的主導權，以及對自己與他人的影響力。擁有較多的主導權，不見得能夠確保人生的精彩，但你的能量通常會比較高昂，做起很多事也會比較甘願，因為都是自己選擇的。

「被動」就是把最珍貴的主導權交出去，選擇被影響

你若選擇看向困難與匱乏，就是選擇把自己最珍貴的主導權交出去，選擇被影響。太多人心中住著一個「受害者」，這個受害者稱職地、忠誠地、如影隨形地影

響著我們的想法：

「我沒有選擇。」

「我無法做得更好了。」

「我必須……」

「我不得不……」

「受害者」天真無邪地訴說著這些，彷彿這世界的他人都不懷好意，使我們無法完成更想完成的事。「受害者」還有一群堅定的盟友，它們是憤怒、不安、煩躁、焦慮、無奈、悲傷、委屈……。

每個人都有難以盡如人意的際遇：父親很難溝通、母親管太多、學生時期很苦、前任很渣、孩子不夠聰明、同事過於本位主義、老闆無法同理……但是，你的童年陰影早已過了保存期限，你什麼時候才願意選擇開始為自己的人生負責？時時刻刻拿不如意出來說嘴，是想博得他人的同情，抑或想為自己的不負責任鋪路？

拿回自己人生的主導權吧！天要下雨，娘要嫁人，你是管不著的，但你總是有選擇的。

你可以選擇放下，不讓過去綁架你的未來。

你可以選擇面對，帶著恐懼前進。

你可以選擇臣服，相信一切都是最好的安排。

太形而上了嗎？來點具體的：

你可以選擇每天背二十個單字，增進自己的英文能力。

你可以為了自己的健康，一週運動三次。

你可以存錢，買下櫥窗裡那件寫著你的名字的衣服。

你可以在規範模糊的三不管地帶，扛起那件沒人想碰的麻煩事。

主導是要付出代價的

為了得到你想要的人生狀態，你選擇了主導，你願意更積極地去達成你的目標、實現你的想望，而這樣的選擇會有些代價要負擔。代價不見得微小，也許會讓你覺得很痛，但是，決定要追求什麼、避開什麼、放棄什麼，就是你該做的事。

除了你自己，沒有人可以、也沒有人應該為你的人生負責任。沒人比你更了解你自己想要或需要什麼，若你一直有意識或無意識地將自己人生的主導權交給別人、交給天氣、交給環境，也難怪你會覺得很少事情如你的意。

我很喜歡《康斯坦汀：驅魔神探》（*Constantine*），是一部超自然驚悚電影，二〇〇五年由佛蘭西斯．勞倫斯（Francis Lawrence）所執導。男主角出入地獄追魔的場景畫面，十多年後再看，都不會覺得有過時感，而最令我印象深刻的，是電影中傳達的一個精神：「只要你不願意，縱使撒旦再有能耐，也不能拿你怎麼辦。」撒旦沒那麼有空，一天到晚來折騰我們這種凡夫俗子，通常都是我們困住自己，誤把別人的建議當作指令，或是把偶然當作命定。老天爺對我們已經夠好了，祂把「選擇的力量」設計在我們的血液裡，而且更棒的是，我們擁有隨時隨地重新選擇的自由。

當你擁有一手好牌時，選擇起來相對容易，因為選擇A會為你帶來八十八分的幸福，選擇B則會得到八十五分的快樂；在這種奢侈議題（luxury problem）上，選擇哪個都不會錯到哪裡去。然而，當你發現沒有足夠的資源、想要逃避或偷懶時，可以試著趕快轉念。方法很簡單，對自己進行好處銷售（benefit selling），例如：

拐到腳，無法打籃球，我剛好可以花點時間研究競爭隊伍的戰術。

皮夾掉了，舊的不去，新的不來，剛好可以犒賞我最近的辛勞。

發生爭吵，是希望我由不同的角度看待這件事，我的溝通技巧一定能因為這次衝突而變好。

隨著年紀越大、人生角色越來越多、負擔越來越重，不愉快的事絕對不會變少，我們能做的，就是**主導自己的際遇，而不是讓際遇主導自己**。

6 過程就是獎勵，不是得到，就是學到

忍常人所不能忍

二〇一九年的宮廷劇《皓鑭傳》紅極一時，劇中集結權謀、鬥爭、愛情等元素，橋段頗為精彩。當我看到「忍常人所不能忍」的台詞時，很有感觸，覺得很適合用來形容領導者的心境。

募資時期，我與各式各樣的有錢人打交道。有些企業二代到處看案子，問很多問題，卻沒投資，因為可動用的資產還在上一輩的手裡。我也遇過禿鷹型投資者，

他們的世界裡不談名車，只談遊艇或私人飛機型號；據說幾個朋友通個電話就可以左右台灣股市，但他擺明了你要他的錢，你就得全盤接受他的條件。對這群具備投資實力的人來說，所有投資都只是可有可無（nice to have）的非必需項目；錢是權力，是可以彰顯與放大影響力的玩具，他們支配錢，而非被錢支配。

那段時期，我們每天要見二至四組潛在投資人，要準備很多簡報或資料，讓事業看起來「性感」一點，以吸引資金。不論金主本人在機場轉機，或是半夜與友人酒聚的空檔，只要有一絲絲機會，我們都得打起精神去進行募資提案。一場又一場，我們經歷了數十次期待又失望的過程。

那時一起東奔西跑的募資夥伴，我很欽佩他，從沒聽他喊過累。不過，有一次，他的母親簽完銀行對保的資料，風塵僕僕地離開台北，坐高鐵回南部的家，到家後才剛報完平安，隔沒幾秒，公司的財會經理就說，某銀行的貸款下來了，需要保人簽名。那一刻，我的夥伴終於再也忍不住了，他的情緒激動起來，覺得非常對不起他上了年紀的老母親，竟然得讓她如此折騰地來回奔波。然而，員工等著發薪水、廠商貨款不能再積欠、營運也需要新金流來活化，他還是硬著頭皮打了電話，請母親當天再來台北一趟。後來，我們很幸運地遇到幾位天使投資人，幫助我們度過了難關，而這種「一文錢逼死英雄漢」的心路歷程，沒有親身體驗，真的難以理解與想像。

要扛起一個事業，意外與難題何止千百，**你要忍得，才能獲得**。

狠常人所不能狠

除了能忍，還要能狠。所謂「慈不帶兵」，將軍並不是沒看見大夥的付出與努力，只是他最重要、最關鍵的任務是勝利。

二〇〇七那年，金融危機爆發，所有企業遭受動盪衝擊，我當時任職的公司亦不能倖免，在一開始時業績突然掉了大半。沒人說得準風暴會滾得多大、持續多久，總部因此擬定了很多因應對策，其中一個是減薪，目的是讓公司不需裁員，也能度過景氣低迷的時期。

我率先在第一時間執行，先大幅降低自己的薪水，然後與團隊裡的每一個人進行關於減薪的對話。這不是件容易的事，因為每個人的財務負擔不同、信念價值觀系統相異、管理負面資訊的能力也不同，使得我必須承受一部分人的情緒發洩、甚至是攻擊。但說實話，我其實滿坦然的，由於我知道那個時候出去找工作會有多困難，因此我心中的目標非常清晰，就是「一個都不能少」。從結果來看，我的部門不只全員留下，並在兵荒馬亂的景氣中，創下逆勢成長的業績高點，而集團裡那些觀望或質疑為何要犧牲員工幸福感的其他分公司，最後多半走到裁員的路，對組織或個人造成更大的痛楚。

身為一個領導者，你有責任與義務要讓事業活下去。順風順水的時刻，你要知道如何獲取市場占有率；大風大浪時，你亦得想辦法打出漂亮的仗。任何公司行號皆隸屬於經濟部，而不是社會局，事業的本質就是獲利。如何排兵布陣、造橋鋪路，以突破層層可知或未知的關卡，並贏得勝利，就是所有組織最高領導階層的責無旁貸的承擔。倘若你身為一個事業體的負責人，但現況不如預期，也別過於心急，你只是「尚未」試過所有方法而已，**所有走過的路都不會白走，都是滋養自己與組織成長茁壯的養分**。

過程就是獎勵

盡最大努力，但對結果保持開放。這句話說來簡單，做起來則難如登天，因為都花了那麼多的精神和氣力，倘若結果不好，怎麼可能心平氣和地接受？但我可以。即使不是每次都做得到，但很多時候，我能在全力投入與衝刺後，真心接受不如預期的成果。

當年，我還醉心於攀爬組織階梯（corporate ladder）的時候，將「凡殺不死你的，必使你更強大」（what doesn't kill you makes you stronger）的信念奉為圭臬。我的升遷還算順利，因為別人一天工作八小時，而我長期下來，每天都從早上八點工作到晚上十一點，所以一般人需要花五六年才能爬到的位置，我花一半的時間得到，其實整體工時想必是差不多的。然而，我因此活得很用力、很血腥、很競爭、很孤獨。累過頭的結果，我選擇了「是你的跑不掉，不是你的求不來」這句話作為信念，但這種隨緣、認分、無能為力的特質，好像又與我的本性不太符合。

直到我看到史蒂夫・賈伯斯（Steve Jobs）說的「過程就是獎勵」（The journey

is the reward.），突然產生了「這就對了！」（This is IT!）的感覺。我覺得自己被完整地支持著，是因為這句話簡單卻深刻地勾勒出前進的路途中的探索感與滿足感。並不是結果不重要，而是過程的經歷同樣有價值，但過去的我卻容易因為對最終結果感到失望，而抹煞了一路以來的努力，甚至否定自己或同伴的價值，這是多麼荒謬又殘忍的習慣！

不是得到，就是學到

我一對一教練的一個對象，是台大畢業的菁英，反應快、理解力強是基本的，重點是性格好，人也很開放，溝通起來不拖泥帶水；畢業才四年多，就已經在組織一級主管的備選名單裡。她說，她相信天道酬勤，因此一直很努力，也使她得到比同儕更快速的升遷。然而，她知道自己太害怕出醜與失敗，於是養成了只在有把握時才出手的習慣；在過去，這樣的行為特質使她成為令人信賴的人，但是，越往上爬，需要處理的人的相關議題越來越多，她覺得自己常常被迫在還沒準備好或還沒有標準答案時就得上場，導致不安全感越來越重。她來到我的面前尋求教練協助，是因為她察覺到自己的某些信念，勢必會侷限她未來的角色與發展。

年紀這麼輕，卻有如此的自我覺察力，也懂得即時面對問題並尋求協助，真的是前途無量的人才。教練過程中，我試著與她一起探討並共創出一個信念體系，以支持她去實現未來所欲的目標。雖然她過去奉為圭臬的「努力才會成功」與「有把握才會出手」的觀點沒什麼問題，但我們將「才」這個字拿掉後，她的能量狀態明顯變得更輕鬆了；我們保留了這兩個信念，相信未來也能繼續給予她動能。

接著，我認為可以開始鬆動或打破她認為「有所作為」與「有所結果」之間的必然連動關係，因為有些更大的挑戰與舞台，得靠更多的人才能一起完成，而關於人，你不可能等到有把握才做些什麼，你得在不斷試錯中去淬煉敏感度。我們陸續試了幾個信念，但她都不喜歡，例如「凡事都有事半功倍的方法」，她覺得自己其實並不在乎疲累，且不想走捷徑；又如「凡事皆有可能」，她認為這種喊話式的句子有點空虛……卡關了一會兒後，我分享了「過程就是獎勵，不是得到，就是學到」，並解釋我自己也被這句話有效地支持著。她的眼睛突然一亮，甚至跟我說：

「我只需要後半句，因為感覺前半句跟好結果的連動性太強，我希望我能不在意結果就出發。」於是，她為自己未來的人生，選擇了第三個關鍵信念：不是得到，就是學到。

自我發展是個持續的過程，而不是一次性的結果。持續去嘗試、去碰撞、去感受，**在探索與發展自己的路上，不是得到，就是學到，你不會輸。**

7 你把自己看小了，就別怪他人把你小看了

能力就是你的籌碼

日本作家茂木健一郎撰寫的《IKIGAI・生之意義》，成為許多迷途羔羊的指引。書中對「IKIGAI」一詞的解釋是：「你活著的目的、你每天早上起床的理由、你生存的價值。」在熱情、專業、職志、使命這四個圓圈的交接處，就是你的「IKIGAI」。這個概念使我充滿感謝之情，是啊，我得找到我享受的事、我擅長的事、別人會付錢請我做的事、這個世界需要的事，如此一來，我絕對能活出有意

義的人生。

然而，隨著年齡漸長，我認為這四個圓圈不會是同等大小的，「專業」應該是支持另外三件事的支點。也許有些人不見得同意我的看法，但我真心認為，想要持續享受自己在做的事、想要持續獲得好報酬、想要持續貢獻與改變這個世界的某個部分，如果沒有足夠的專業，是做不到上述這些事的！我必須擁有至少一項非常突出且到位的能力，才能夠支持我有持續的動能與條件去發揮影響力。

職場上的角力，除了權力，還有實力。曾看過一句話，我認為寫得很好：「要有能力，才有資格任性。」組織裡的權力配置，有時是被很多複雜的因素所影響，例如血統純正、戰功顯赫、有無歷史包袱等等。然而，專業能力絕對能成為每個專業工作者最重要的談判籌碼，不管你身處何種產業、何種位階，都能因為你持續變強，而擁有更多機會、空間、成就感、獎酬。你是否能越來越常被看見、越來越被重視、被賦予越來越高的薪酬，這些都是你的能力的證明。

我在很年輕的時候，就做了一個決定：我不追求自己是受人喜愛的人，但我期許自己是能夠「受到尊重」的人；我希望即便是工作上的競爭者，也能覺得我是可敬的對手。為什麼我在尚未經歷太多事時，就定下這樣的立場，我已經忘了緣由，但我仍深刻記得自己期許被尊重，因此想做到的是「行為坦蕩，表裡一致，拿得起放得下，說得出做得到」，而這些定義成了我在職場上的行為準則。為了實踐這些準則，有時會讓我付出一些代價，特別是成為主管後，與討好型主管放在一起，老是顯得我不近人情。但過沒幾年，我很慶幸自己成為那種自己會尊重的人。

當你定向了自己的中心思想，無論是風雨飄搖或人心險惡，都很難影響你。當你的心緒與產出都呈現相對穩定的狀態，自然能成為較容易冒出頭來的人。你要先選擇一項專業能力，只要一項就好，是你願意卯起勁來鍛鍊、是你遇到大部分的人都不會輸的，那會是什麼？好消息是，能力與天賦不同，絕對可以透過持續有意識地鍛鍊，進而熟能生巧、越來越強。

別把自己看小了，裡子比面子重要

我與數百位總經理進行面談後，發現一件事：強大的領導者都具備整合與判斷優先順序的能力。除此之外，他們也呈現出同一種特質，就是不會因為位階尚低，就小看自己的影響力，也不會因為年資尚淺，就不敢提出建言。

有一本書叫做《別把自己做小了！》（*You Don't Need a Title to Be a Leader*），裡面提到真正的領導力無關頭銜，而是隨時隨地都可以發生的。企業主不是省油的燈，他們可以從一群人中辨識出哪些人具備潛力、哪些人能承擔更大的責任、哪些人值得給予更多的報酬和獎賞。

如果你先認為自己無足輕重，別人又何須把你當一回事？

剛進顧問業時，和其他名校畢業的同事比起來，我的背景實在毫無競爭力。同事們平常談話使用的字詞，如綜效（synergy）、合併（consolidation）、收購（M&A），都不是會出現在我人生中的語言。

那時候，每週業務會議有個不成文的規定，就是資歷最淺的人需要做會議紀錄，當有下一個新人進來，就可以移交這份工作。顧問業人員的流動率極高，每個人約莫只會擔任一至三個月的會議紀錄者，但大家還是避之唯恐不及，因為每個人都快要被必須追蹤的數字與進度給淹沒了，哪有空去管一個二十四小時內需要寄出、只維持一週功效的文件呢？會議上只要有人請假，或是回答不出老闆的提問，就會不假思索地說：「會後再提供相關資料。」然而，會議結束、鳥獸散後，從來不會有人提供這些資料，反正下週就會報告新的進度，老闆也無暇管到這些細節，偶爾唸一下，也就不了了之。

偏偏我喜歡搞清楚每件事的前因後果，也受不了表格上某些專案呈現空白。我仗著自己是個快手，覺得多問幾句要不了多少時間，就一個個去追蹤進度、補進當週會議紀錄裡。由於大家希望我寫進紀錄裡的是精準的語言（畢竟每個人都會看到），通常就會多補充幾句關於專案的難處或解法。我認為每個人對於經過自己雙手的文件與事件，都應該負起責任，不管文件前面經過幾手處理，只要從自己的手裡交出去，就是代表自己。如果你送出一份字型與格式因數次複製和貼上而跑掉的文件給下一個人，等於向外宣稱你不在乎工作品質；一兩次後，外界就會逐漸形成對你的看法，看法一旦形成，就不容易改變。

當你開始帶人，這樣看似不起眼的小錯，會被每個人記著，甚至當作標準，而你會更難要求他人的卓越表現。所以呢，我活生生做了兩年的會議紀錄，並不是因為沒有新人報到，也不是我沒升官，而是我的會議紀錄讓所有人都愛不釋手。於是，我就這樣跨部門、跨專案、跨位階地問個不停，大家也很開心有完整的會議紀錄可以查閱。

當台灣總經理即將高升成亞太區主管時，她選擇把台灣市場交棒給在集團資歷不算深的我，主要的原因，除了我能交出成果之外，她還看中我快速綜觀全局的能力：我能夠如實且如期掌握全公司的資源與資訊，進而擁有較佳的決策品質。關於我的商業敏感度（Business Acumen）的培養，我認為撰寫會議紀錄這種小事幫了很大的忙。

別把事情看小了，大事不過是完成一堆不起眼的小事

管理者要做的事，就是把大目標拆解成眾多可被執行與追蹤的小步驟，然後逐一完成。所謂的大成功，不過就是幾十、幾百件小事加總起來的結果。公司信任你、看好你，所以將某一部分的責任與資源切割給你，你就該好好地看管著，不要

讓球掉滿地。

如何不讓球掉滿地，我認為關鍵在於掌握資源與目標之間的關係。資源有三種：時間、人力、金錢。在達成目標與解決問題的基本前提下，可透過下列提問來訓練自己的判斷能力：

- **我的資源有多少？有哪些？**
- **哪個是動彈不得的？哪個是能擠出空間的？**
- **優先處理或調整哪二〇％，能夠影響八〇％的結果？**

別只是想，寫下來！確實寫下來的這個動作，看起來好像沒什麼，但當想法只在腦中飄浮，就容易變得龐雜。寫下來會有定錨的效果，你會覺得有辦法逐一完成事情。

現代世界的轉速越來越快，商業運作越來複雜，所有人在自己的工作崗位與人生路途上都面臨著巨大的挑戰，**能勝出的人，就是不論外在與內在如何波動，都能**

有效調節自己，並穩定朝目標前進的人。當你專注於把小事做好，不知不覺中，你會發現自己其實已經離目標不遠了。

8 創造你的相對優勢

人沒有絕對優勢，只有相對優勢

不論你是否擔任領導職，我都建議你以優勢主導你的人生。

當你努力發揮你的優勢時，你的優勢將會自動持續精進，你與他人在這個優勢項目上的差異會越來越明顯。並不是改善劣勢不重要，但發展優勢比改善劣勢快得多，且更容易讓你產生良好感受，進而堆疊出自信心，你就能游刃有餘地去調整弱項，而不是落入動不動就自我鞭笞的循環。

很多人問我：「有很多比我更厲害、更聰明的人都還在努力，我還有機會出頭嗎？」的確，開始工作後發現高手如雲，一不小心就會灰心喪志，認為自己好像再努力也沒用，但其實大多數人沒有絕對優勢，只有相對優勢。有時候，不見得是你多厲害或多認真，而是你有沒有找到不一定能讓你事半功倍、但至少相對容易被看見與被肯定的工作場域及職務。

我的第一份工作是在零售業的總部。那時大學錄取率僅三成多，大學畢業生通常不會成為門市現場的員工，除了家人會反對，一般人可能也不喜歡這種需要沒完沒了地補貨、搬貨、點貨的日子。因此，一旦第一線出現大學生，總部會有幾種先入為主的假設：要麼是這個人在等出國或當兵，這份工作只是墊檔，無法賦予重任；要麼是這個人沒什麼企圖心和能力，不然幹麼好端端的辦公室不坐，跑來做這種需要輪班的勞力活。在這樣的環境之下，如果你是在門市工作超過一年的大學畢業生，這代表你能腳踏實地、吃得了苦；不難想像，若門市有升遷機會，一定會優先考慮到這類少數人。這就是相對優勢。

我遇過好幾個人，明明是從國內數一數二的大學畢業，靠著家裡支持或自己努力存錢，也拿了個國外碩士回來，進入人人稱羨的金融業後，卻很不開心，因為整間公司的人幾乎都喝過洋墨水，不是常春藤聯盟學校畢業的，根本不用拿出來說嘴，更別提某人的爸爸或親戚長輩是上過商周的某某某。他人千辛萬苦、陌生拜訪、爆肝巴結，好不容易才達到當月業績底標，但這種含著金銀湯匙出生的人，打場高爾夫回來，就達到半年甚至一年的業績，一般人怎麼做都很難贏。人比人很傷人，這就是相對弱勢。

打造你的潮間帶實力

潮間帶是潮汐在大潮期的絕對高潮和絕對低潮間露出的海岸。漲潮時，潮間帶被水淹沒；退潮時，潮間帶露出水面。由於潮間帶每天有兩次潮來潮往，因此這裡的生物得具備特殊的結構和習性，以適應多變的環境，例如，能夠抵抗溫度、濕度、鹽度的變化，或是為了因應海浪反覆衝擊，就必須具備固著抓地力。

我相信沒有人會反對，現今的職場也是處於詭譎多變的狀態中。很多人只是沒意識地載浮載沉，不花時間去分析或鍛鍊自己無懼潮汐沖刷或劇烈溫差的能力。若想成為一個不被自然淘汰的生存者，就要跳脫性格與職務的侷限，在一次又一次的潮來潮往中，鍛鍊出最佳特性與本事。

你可以定期，或在每次的職涯轉換時，先問問自己：

- **你身處的潮間帶，能使組織存活的關鍵要素是什麼？**
- **你之於這項要素，是相對優勢還是相對弱勢？**
- **如果是相對優勢，你該如何讓每個人看見？**
- **如果是相對弱勢，你該如何加強？**

極大化你的不平等優勢

每個人與生俱來的設計與條件都不同，只要能找到並充分運用你天生的「不平等優勢」（unfair advantage），就有機會成為你最獨一無二的職場優勢。

這個優勢可能是**資源**。幾年前，我有一個客戶，他是某知名電器品牌的長子，跟許多不想接班的二代一樣，他不想走這種命定的道路，有一兩年的時間，他逃去美國與日本，家人根本不知道他在哪裡。有一天，當他跟幾個朋友談到創業的時候，大夥兒滿腔熱血地談著，該如何透過手上的服務與產品，來改變產業的某些部分，也談到應該進行募資，吸引投資人的青睞，以加速夢想的實現。這時，他父親的名字被提了出來，朋友說他的父親應該是「願意支持創新產品或想法的人」。那一刻，他突然意識到，這不就是他天生不平等的優勢嗎？他人遙望而不可得的資源，就在他的身邊。他為何要刻意抗拒這個身分，而不好好加以運用，試圖將自己的理念融入家族事業呢？於是他回去了，從特助開始做起。過了許多年，我在報章雜誌上看到，他父親已經將集團內幾間公司的經營大權交棒給他，他也帶領著這幾間公司走出新的路線。

這個優勢也可能是**特質或能力**。我的好朋友 Joyce，與我有著超過三十年的交情，但對於同一件事，我發現我們第一時間的反應大不相同；她非常有同理心，敏銳的程度甚至能感受到對方情緒的微妙變化。我們一起學 NLP（神經語言程式學）諮商時，同樣的引導技巧，我們切入的角度與運用的詞彙都截然不同。如果說，一般人形容「悲傷」有三種不同的程度，她就會有三十種不同；對於情緒感受的用字遣詞的精準到位，能讓對方完全感受到她是理解的、包容的。我一直覺得這樣的特質，是老天爺給她的設計與禮物，是她獨一無二的相對優勢。在職場上，這個優勢使她成為優秀的文字工作者，她出過書，當過雜誌總編，也許這可能不是什麼特別的經歷，但我想很少有人能夠分別寫出給五歲小孩和七歲小孩看的書，而她就是能夠掌握那極小的差異。

創造「被利用」的價值

我覺得「被利用」一詞被汙名化了。在我看來，能夠在某段過程裡，為他人提供某種協助或創造某種價值，應該是值得被正面解讀的事，這代表自己某些方面的專長或特質，不僅只有自己看見，他人也有所認同，而且能夠對結果產生具體、正面的影響。

我有個朋友，在房地產代銷業打滾多年，年紀輕輕就搭到當時景氣飛漲的順風車，房子一推出，通常就快速完銷，三四個月就賺到別人打拚一整年的薪酬，成為很多人欣羨的對象。經歷二〇〇八年的次貸風暴和奢侈稅後，買賣房子沒那麼輕鬆了，但他身邊的人在處理買賣房子這種大事時，都會跟他通電話或約吃飯。

我問他：「多年沒聯絡的人，打一通電話就希望你幫忙，這種吃力不討好的事，你為什麼願意做？」

他說：「有什麼關係？一般人一生平均經手一到三間房子，我買屋、賣屋的經驗比他們多很多，這些知識放在我身上又不會生利息，我幹麼不做順水人情？」

我繼續問：「你不會覺得攬這樣的責任在身上，壓力很大嗎？」

他說：「他們有他們的期待，我有我的看法，他們要不要採納我的建議，是他們必須自己決定的。」

我問：「有些人在密集討論完後，又再次從你的人生中消失，你不會覺得很現實嗎？」

他說：「如果能因此看清一個人的性格，有些人也許就不值得深交，那這樣才花幾通電話或幾次見面的時間，換得一輩子的清楚明白，我也沒什麼損失。」

對於這個朋友的豁達，我佩服得五體投地：付出不求回報，還能中立面對結果。你有沒有什麼專長，是他人一有相關需求就會想到你的？這就會是你難以被取代的職場優勢。

三個優勢，就足夠打造你的精彩。跟三原色一樣，紅藍黃就能呈現千變萬化的色彩。我認為，一個人若能打造出三個優勢元素，已經很難得，也很足夠了。接下來，只要依據不同的任務或目的，來調整三元素的比例，就能為你的職場生活創造精彩。

9 能解決多大的麻煩，決定你能玩多大的遊戲

我看過一個由世界經濟論壇（World Economic Forum）所整理的關於職場關鍵能力的排序清單，那是一個五年的對照表，有些能力如協商談判力，從原本的第五名降到第九名，創造力則從第十名爬升到第三名。五年來，始終蟬聯第一名的是「解決複雜問題的能力」。

這個能力值得留意的地方，是不僅要能解決問題，還要能解決複雜問題。意思是當某個流程出了錯，並不是依據你所熟悉的線性邏輯去處理就可以了，而是要能立體地進行思考及判斷，評估是否需要或可能以更有效的方式去解決問題。在我看

來，眼前與未來的世界裡，能夠線性思考問題，只是基本能力，還必須把人的因素加上去，問題才會變得更立體；以往的對事不對人，將不再吃香。

對事也要對人，釐清重要關係人與無關的閒雜人等

事還好辦，比較麻煩的通常是人，偏偏我們常因為很難處理這類問題，就漠視人之於解決一件事情所產生的影響。

關於夏天，我最討厭的一件事物，是果蠅。每次吃完東西，只要沒有馬上處理，殘留在碗盤上一點點的菜屑或肉末，就會吸引數隻怎麼打都打不到的果蠅。就算快速丟到垃圾桶裡，只要沒有馬上把垃圾拿去丟，一掀開垃圾桶蓋，總是冷不防會有一群果蠅衝出來，也不會叮人，就是那樣飛呀飛，非常礙眼。

工作上也有這種人，沒有大礙，但很煩人，靠著一些附屬的、邊際的、不太重要的養分，便能存活。發生問題的時候，這群好事的果蠅的存在更明顯了，不斷在旁邊飛來晃去，你說會危害到什麼嘛，也不至於，但很惱人，還會影響人們原先穩

定的情緒。

你得先試著區分一下，誰的話該聽，誰的話聽聽就好。一般來說，以影響力和興趣度為縱軸與橫軸，可分隔出「職場關係矩陣」的四個象限，以及你可以用來對應的方法：

- **影響力高、興趣度高：你得花最多精神去對話、回報。**
- **影響力高、興趣度低：掌握這種人關注的點，主動提供關鍵資訊。**
- **影響力低、興趣度低：只需花最少精神，有空再處理。**
- **影響力低、興趣度高：這群人就是所謂的果蠅，與其讓他們自由亂飛、打探消息，不如定期保持交流，由你主動餵養給他們正確的資訊，甚至因為他們喜歡這兒竄竄、那兒聊聊，你將有機會掌握到一些你不知道、但可以是助力的資源或資訊，來協助你解決問題。他們的音量可能是大的、多的，因此你自己的思緒要夠清晰，才能判斷哪些資訊能為你所用，而哪些只是干擾，不需過度在意。**

凡事必有三種以上的解決方法

與其說每件事都能找到三種解法，不如把這句話視為一種企圖心。因為若只有一種解法，沒人敢打包票認為那一定是對的解法，即便執行了，也還是會有點不確定感。若只有兩種解法，又容易陷入左右為難的情境，似乎選擇哪一個都有點遺憾。人們必須有三個或以上的選項，才會真正覺得自己是有選擇的。

與我互動過的人，都知道我對「三」這個數字的迷戀：

- 「你對這件事有什麼想法？」我會想辦法引導出三個意見。
- 「這件事為什麼會發生？」我會問至少三層為什麼。
- 「想去哪裡玩？」我也會先想出三個城市，再選出一個最符合所想所需的旅遊方案。

可能是因為我自小被植入點線面的概念，認為凡事都得構成一個面，才會比較穩固扎實。曾有年輕朋友說想創業，問我幾歲創業比較好，我說幾歲不是重點，你先翻開你的通訊錄，看看有幾個人會是你說要做某件事時，能夠二話不說、把工作辭了，跟你去闖去拚，甚至拿出本錢來陪你一起玩，只要有三個以上，就是時候到了。

我看過太多老闆在管理一間公司或單一門市時游刃有餘，也因為全身心投入，所以生意好得不得了。然後，口袋有點錢了，甚至有金主找上門、提出各式各樣的發展邀約：「來開放加盟吧」、「在那兒也開一間分公司吧」。老闆覺得問題不大，這週在這兒、那週在那兒，或是週間在北部、週末去南巡，總之還軋得過來。然後，很多人就卡死在這個規模了，因為時間一久，賺的錢變成東牆補西牆，加上無法休假的心力交瘁，以及團隊管理的問題層出不窮。有些人是夫妻檔，或是兩個好朋友一起創業，都一樣累，不敢休息，怕增加對方負擔。因此，我總是建議核心團隊至少要有三個人，當一個人掛掉，還有另外兩個人可以互相支持。當然，四人是更好的配置，這樣在任何時刻若有一人需要休息或暫離崗位，其他三人都還能維持運作，不至於使營運停擺。

這些年來，我的執行力與穩定產出，一直是使我能夠勝任越來越高階的角色的關鍵要素之一。拆解箇中原因，我發現別人習慣做完A，看看結果再進行B，再看看B的結果，以決定需不需要進行C；同樣都是ABC三種可能的解法，我通常會同時展開ABC去試錯或試對，然後依據三種方向的測試成果，選定一個選項繼續深入。這個習慣，能避免浪費最珍貴的時間資源。

我有一堂「4F問題解決模式」的賦能工作坊，在各大企業進行過很多場培訓，此處分享給大家參考：

(一) 釐清事實（Facts）

事實就是具體的、客觀的、已發生的資訊。很多人在表達時，起手式很多，你千萬不能被混淆或迷惑了你的焦點。問題發生後，在進入討論、爭辯、指責之前，請把大家的能量先單純地聚焦到事實上，作為繼續對話的基礎。那些帶著情緒的、似是而非的推敲，並不是完全置之不理，而是順序與比重得放在事實之後。事實通常有兩個元素：**時間與數字**。若未掌握這兩個關鍵，很容易有偏頗的思考或處理。

發現問題的人，在尋求他人的解決方法之前，有責任先提供中立且完整的資訊。掌握事實，才能決定你需要投入的資源。

「大家都不喜歡他。」大家是誰？若是為了公司的共好，沒有不能具名的，不是嗎？更好的事實表達方式是：團隊的八個人當中，有六人曾與他起過爭執。

「這個產品被客訴過好多次。」好多次是幾次？一年賣出十萬件，被客訴了十次，跟一週賣出一百件，被客訴十次，需要被看待與解決的方式也必然不同。

(二) 分析成因（Factors）

成因就是造成問題的原因。對於這個分析，很多人都不陌生，但我想提醒大家，要留意**直接原因與間接原因**。針對直接原因下手處理，通常能快速解決問題，可以讓一些人閉嘴，處理的人也能得到立即的成就感。但若不花點時間分析或處理間接或長期原因，問題很有可能會重複發生。

舉個簡單的例子，你感冒了，頭痛、流鼻水、咳嗽，所有的症狀一次出現，你在非常不舒服的情況下，趕快吃了止痛藥、止咳藥，還有讓鼻塞舒緩的藥丸。五天過後，以為已經好了，結果所有的症狀又突然冒出來，這時你會怎麼做？你當然可以再去看一次醫生，再吃五天的藥，把症狀壓下來，但你是不是該反思一下，自己到底為何這麼容易感冒？是過於相信自己的身體，完全不注重飲食與運動；還是某個場合或行為會使你特別容易感冒，而你應該要做好預防措施？

處理間接原因可能需要較長的時間，也不見得比較容易處理，但還是得面對。

我擔任獵頭公司顧問的時候，有個客戶經常把案子交給我們，一開始我們當然很開心，這代表客戶信任我們，且我們離業績目標也越來越近。但之後的幾年間，我們陸陸續續與離職者、各部門主管都有互動及合作，因此發現一個問題：所有部門的主管都是待在公司超過二十年的人，在公開或私下場合幾乎都提過會待到退休為止，然而，人資主管卻又期待我們幫忙尋找願意接受挑戰、有企圖心的人才。公司營運一日不能停，找一個蘿蔔補一個坑，當然是最快的解法，但整間公司會進入找人、離職、找人、離職的無限迴圈，因為若沒有吸引人的升遷或人才發展配套，有衝勁的人不可能會長期留任。於是，我們冒著風險，陪同人資長向大老闆提出「新舊融合、世代交替」的三年計畫，激發他們正視這個議題。很幸運地，大老闆雖然全程眉頭深鎖，但還是承諾與我們一起啟動這個專案，為長遠的競爭力做準備。

㈢ 定義發現（Findings）

發現有兩種，第一種是看到無效性，這是從達標的角度出發。當事情不如預期走向，背後會有很多原因，即便不怨天尤人、不把外部的險惡情勢拿出來說，內部的各個環節，如計畫不夠周詳、過程中的盲點、執行的人過於樂觀、部分元素的思考與執行不到位……種種誘因都能刺激我們想出更好、更完整的解決方案。所有的路都不會白走，所犯的錯都是養分，都是能使團隊精進執行力與創造力的機會。

第二種發現，則是看到有效性，這是從學習的角度出發。很多人認為問題發生就不是件好事，因此會自動把所有的能量集中於找出問題。事實上，若能中立地看見整個執行或問題解決的過程中，個人與組織做得好的地方，也是同樣重要的。因為若我們能好好掌握並複製有效性，就有機會使未來的資源運用更有效能，還能累積自信與競爭力。

這兩種發現對組織來說，都是集體智慧的累積，都很珍貴。

㈣ 決定下一步（Future）

此步驟可用一句話總結：「誰，何時，做什麼」（who does what by when）。這三個元素少了任何一個都不行，千萬要完整。

「會後把今天的會議紀錄寄出來。」誰要寄出？大家都忙得要死，若不指定某個人，是不會有人主動去做的。

「你今天去協助營運部的人處理一下狀況。」處理什麼狀況？處理到什麼程度算是完成？

「你去研究一下柬埔寨的餐飲市場值不值得投資。」若沒先確認何時要提供研究資料，雙方對報告產出的時間就會產生認知落差。

此外，必須持續追蹤下一步。主事者要詢問，執行者亦要主動回報，只有其一都不夠好，特別是針對重大的異常或重大的專案，每天或每隔一天回報都不為過，直至問題警示燈熄滅為止。

4F問題解決模式，中間兩個步驟可能會顛倒次序或來來回回，是沒關係的。

關鍵是第一步必須始於「事實」，最後一步必須結束於「下一步」。

羅伯特・凱根（Robert Kegan）與麗莎・萊斯可・拉赫（Lisa Laskow Lahey）合著的《變革抗拒》（*Immunity to Change*）寫到：「勇氣包含了採取行動、即使害怕仍持續前進的能力。無論是多大步或多間接的腳步，如果不曾感到害怕，這一步就不算走得有勇氣。」身為帶人的主管，你能解決多大、多難的問題，與你的薪酬待遇有著絕對的正相關性。帶很多人真的不會讓你看起來比較厲害；你承擔與處理複雜問題的能力，才會使團隊信服你，才是你真正可以依賴的飯票。**勇敢才是你最安全的選擇。**

Part

2

做事篇

「組織存在的目的，是要讓平凡的人，能夠做到不平凡的事。」

——彼得・杜拉克

你聽過 pit stop 嗎？意思是短暫的停車加油或補給。一級方程式賽車比賽中，每位車手會以每小時三百公里以上的速度疾馳，當大家都把目光放在賽車手身上時，其實 pit stop 維修站的換胎速度才是致勝關鍵。

二〇一二年，法拉利車隊花了二．四秒完成四個輪胎的換胎。

二〇一三年，紅牛的維修團隊以一．九二秒完成四個輪胎的換胎。

二〇一九年七月，紅牛車隊創下一．八八秒的換胎紀錄；同年十一月，再以一．八二秒的成績打破自己的紀錄。

一組換胎團隊約有二十人，配置大約是這樣的：

換胎手一組三人，共有四組，一人拿扳手，一人拿舊胎，一人拿新胎。兩人站車體前後，以千斤頂將車頂起來，兩人站在車前的左右兩方調整風翼角度，車後方有一人準備點火器以防車子熄火，一人擦拭賽車手的護目鏡，一人清理通風管。

其中有一個很重要的角色，是所謂的「棒棒糖人」，任務是上車道引車，並於換胎結束後控制信號燈出車，賽車手只聽從棒棒糖人的指示。

Pit stop 時，車子是不熄火的，因為重新啟動所浪費的〇．一秒，都可能影響成績。整個換胎過程中，每一個崗位上的人所呈現的專注力、專業技能、團隊默契，令人嘆為觀止。更重要的是，他們都有持續挑戰更佳紀錄的企圖心。

我認為運營的管理也是同樣的道理，**沒有最好，只有更好。**

沒有任何一間企業能夠奢侈地停下一切，慢條斯理地進行所謂的運營調整。即便有人帥氣地喊出「打掉重練」，通常也是要保持部分產能，挪移出部分空間，邊走邊修邊看。而身為帶人主管的你，就是棒棒糖人，你應該精準地指揮、調度、決策。你的責任區裡的每一個人的最適安排、每一顆螺絲與工具的使用方式、每一刻進場與出場時間的決定，都與你有關。

1 如何放香屁——適時呈現自己的努力

數字就是你最性感的裝扮

數字會說話，交出成果就對了。我很慶幸自己在二十幾歲時就體悟到一個道理：「做出結果，你放的屁都是香的；沒做出結果，你說的都是屁。」「放香屁」雖然粗俗了點，卻使我真真實實地看懂職場的遊戲規則，並在其中走出自己的路。

二十幾歲時，我是一個連鎖零售通路的菜鳥採購，負責商品迴轉率很低的電器部門。隔壁部門的資深採購是在業界超過二十年的大姐級人物，她身材瘦小、比例勻稱，常穿著迷你裙和高跟鞋，把廠商當龜孫子罵還不算什麼，跟公司那些外國人意見不合時，也劈里啪啦地用英文大聲爭辯，氣勢十足。大姐大很不看好我們，仗著自己多年的零售經驗，跟廠商與高層的關係都好，開會時不時就對我們部門的做法嗤之以鼻，除了尷尬外，我們被看衰的程度，也讓我們常處於要什麼、沒什麼的處境。雖然我很不服氣，認為論聰明、論拚勁，我都不會輸，也不明白為何我們要被公開地大聲指導，還常常覺得她未免管太廣，但前輩嘛，我就當尊重長輩一樣對待。

籌備超過一年的門市終於開幕，那天人潮絡繹不絕。大家對於開幕日當天的業績數字開了一個小小賭局，因此每小時都有人興奮地通報業績數字。我們那層樓的收銀機在傍晚時小結了一下，業績不如她的部門，她便踏著超細高跟鞋，蹬蹬蹬地跑過來說：「沒關係啦，你們就是沒經驗呀！不是我要說你們，早就跟你們說過，你們有些做法行不通，你們就是不聽！」

到了打烊時間，一、二樓的收銀機全部加總後，我那個部門竟然是非食品類中業績最高的，是的，高過那個大姐大！哈哈哈，我得很努力才能不去回嗆她兩句。關店後，她經過我們面前時，就訕訕然快步走開，我、真、的、超、級、爽。

從此，我為自己掙得了發言權。開產品規畫會議時，我的想法開始值得被聽見，我的做法可以成為其他部門的參考。重點來了，放香屁的下一個關鍵是，要持續放香屁，好績效不能只是曇花一現。

我從此更加努力，在萬聖節的提案時裝扮成巫婆推銷商品；新的麵包機上市，在提案會議時烤麵包給大家吃；商品成功上架後，用兩個行李箱扛著一堆產品到各店巡迴，衝高各門市下單量，才能持續跟廠商談到更好的價格。結果是，我們部門的業績一路長紅，打趴一堆資深的大哥大姐。從此風水輪流轉，資源開始流向我們部門。

在商言商，**數字才是永遠不褪流行的裝扮**。

執行起來只有五十分的一百分策略，比不上執行一百分的七十分策略

太多人高估了策略的地位，低估了執行的重要性。管理大師彼得・杜拉克說過一句話：「策略是平價商品，執行力是藝術。」（Strategy is a commodity, execution is an art.）

若要實現一個理想或概念，需要經過一連串的試錯、調整、妥協、溝通。事實上，你根本無法說一個未經測試的策略是好策略，不論那個策略看起來多麼性感、架構看起來多麼完整、邏輯聽起來多麼清晰。策略與執行，如同錢幣的兩面，兩種元素都必須同時存在，才能確保企業的價值與競爭力。

執行就像抓漏，除了能驗證策略的優點，亦能凸顯策略的不足，或預測可能的威脅。而好的執行，更是需要多方評估與整合，將跨部門的需要和痛點都一一處理，才能真正克服挑戰、達成目標。對主管而言，確保執行結果不等於事必躬親。

當然，身為管理者，必須熟悉管轄範圍內的運作流程，但要留意的是，不能陷入

見樹不見林的情境。你得知道如何透過機制的設計去掌握資訊，並確保產出符合目標。

機制就是把事的流程、人的溝通、資訊的流通，想辦法串在一起。以下分享一個我在擔任組織顧問時，常用來切入的做法，雖然看似簡單，卻不是每個領導者都有意識或有能力做得到的，我稱之為「組織地基」，分為四個構面：

㈠建立並溝通「節奏器」

拉一條時間軸，列出「何時該發生什麼重點事項」，無論是固定發生或重要的目標里程碑，都要記錄下來。然後，與所有人溝通，務必使每個人都清楚理解節奏器上的所有重要時間點。

㈡指定「主要負責人」(Person in Charge, PIC)

明確指定每個工作項目的主要負責人是誰，這並不是指這個人必須獨自執行某個任務，而是他必須負責看頭、看尾、看過程，直至所有負責的項目結束為止。

㈢建立或優化「防呆流程」

你們團隊內發生的所有事都與你有關，並不是把事情交辦下去，就不關你的事了；你得確保你所交辦的人知道怎麼辦事，你得先詢問主要負責人想要如何執行，並在你認為不足之處補充更完整或更理想的做法。

㈣建立主動回報的「資訊流」

太多組織因為紊亂、被動、片段的資訊流，而付出慘痛的代價。身為主管，可不能丟一句「他們沒告訴我」，就置身事外。想要掌握進度，表格追蹤與定期會議是最有效的兩個方法。主管必須要很會設計表格、很會主持會議，因為你追蹤什麼，就會得到什麼。

執行需要紀律，組織的紀律是每個人紀律的綜合呈現。當你發現流程其實沒什麼大問題，產出卻仍不如預期，就要回過頭來扭動成員對於紀律的看法與習慣。不要走火入魔，硬要調出一個完美版本的流程；能隨著組織資訊與資源的不同，設計出合適的流程，才是王道。身為一個領導者，本來就不該只滿足於從零分到八十分的過程，當你需要從八十分進步到八十五分，或是八十八分進步到九十分，執行力就是能使你有所突破的那關鍵一毫釐。

適時且如實地呈現自己的努力

我常有所感慨，台灣人的善良與謙虛在職場上是否用過頭了？做了八十分的事情，受到肯定時，會直覺又靦腆地回答：「沒有沒有，還好還好。」或者，硬是把自己的努力和成績說成四十分。比起能夠相對自在地接受正面評價的香港人、新加坡人、中國大陸人、歐美人，相較之下真是差別很大。我的意思並不是要你舌粲蓮花，但至少要真實且自在地說明自己的角色與貢獻，適時且如實地表達自己的團隊完成了多少事。

我在新加坡商工作時，學到一個叫做「NATO」（No Action Talk Only）的詞，形容人很會說、但不會做。認識 NATO 時，我還年輕，覺得大家都是來上班的，不做事要幹麼呢？後來，隨著年紀與見識增長，我發現，原來靠一張嘴就能有立足之地、混水摸魚、吃大鍋飯的人，還真不在少數。我心中對這樣的人是沒有尊敬的，不論對方職位高低。因此，我很早就為自己與所帶領的團隊下了這樣的基調，就是我（們）選擇當做事的人（doer），而不是說得一口好菜的人（talker），或永遠沉浸在紙上談兵的人（thinker）。

這樣的選擇有點傻氣，不見得能在第一時間享受到鎂光燈，但至少心安理得。然而時間久了，我必須承認，這對團員來說不太公平。大夥兒不是會爭功諉過的人，總是認真達到、甚至超越期待，把該做的事做得扎扎實實，卻不見得會被看見或得到獎賞，只因為我（們）選擇低調。

後來我做了修正，要求自己與團隊要會想、會做，也要會說。因此，我更懂得在過程中如實傳達團隊的努力，讓上位者知道團隊目前的位置，也更常在適當的時機，做球給該享有獎賞或讚賞的夥伴，讓公司提早認識高潛能的夥伴，為他們的下一個發展鋪路。

營收與利潤是一個企業存在的基本條件，也是所有工作者的最大公約數。並不是企業理念或團隊文化不重要，而是所有的營運與領導活動，都應該要能夠在結果上正向呈現出來。不論你是個人貢獻者或是擔任主管角色，都要知道如何在自己的權責範圍內做出貢獻。

2 如何管理硬目標——決定不做什麼，也很重要

善用主管的三頂帽子

若你要去登山，通常會穿上透氣保暖的衣物，加上一雙好走的鞋子，使你更能有餘裕地享受沿途風景。當你要去游泳，你會換上泳衣，因為泳衣的設計與機能，更貼合你游泳時的需要。你當然也能穿著高跟鞋或燕尾服去進行上述活動，但會導致事倍功半，徒然耗費許多能量。

我講課時常以上述比喻，來說明主管必須擁有多元職能，才能更有效地扮演好

自己的角色。主管有三頂帽子，分別是管理者、教練、領導者：

- **擔任管理者時，你要很會運用機制，使自己有節奏地推展進度、達成目標。**
- **擔任教練時，你要很會運用對話，使自己掌握聽得見和聽不見的資訊，與夥伴建立連結，並創造共識。**
- **擔任領導者時，你要很會運用能量，以吸引有志者一同前行。**

這三種角色與技能，並沒有哪一個比較重要，而是必須依據不同情境與對象，相輔相成、搭配使用。即便目前來說，教練的概念越來越受到企業與主管的青睞，而我本人也從事教練的工作，但我認為教練無法完全取代管理者的功能。有些過程，就是得靠嚴謹且有規畫的要求，才能一步一腳印、逐步達標；只靠全然的信任與和善的引導，可能會不必要地浪費有限的資源，特別是時間這項不可逆的資源。

目標管理三加三，缺一不可

訂定公司的年度目標後，身為部門或小組主管的你，必須追蹤並推進目標的達成，這通常會透過下列幾種方式搭配進行：

- **跨部門月會：將需要跨部門協作的項目，在最高主管會列席的場合提出來，以求資訊同步、加速共識。**
- **小組週會：規律地追蹤進度，以求盡早察覺、預防、解決問題。**
- **成員一對一：客製化地探尋與協助不同成員於不同階段的可能卡關點，協助夥伴提升效率和成就感。**

這三種追蹤方式在不同形式之下，所能創造的效果也不同，我認為缺一不可。

此外，再多掌握三種思考角度與溝通技巧，就更能順利達標：

- 對上：以清晰的邏輯訴之以理，務必與現實數字面的資源及資訊相容，因為這是上位者最在乎且最大的壓力源。當你幫老闆考量到這個層面，他才願意考量你的層面。
- 對下：以循循善誘的引導，動之以情，多花幾分鐘解釋做這件事情的目的，讓團隊知道為何而忙，就能避免過程中許多不必要的質疑或不甘願。
- 對橫向部門：有堅持，也要有配合，同事應該是助力而不是阻力，大家就像一起跳探戈的夥伴，有時你進一步，有時我退一步，有時一個華麗轉身也就過了。你不需要是贏家，公司的勝利才是最大公約數，不用爭得你死我活，醜態百出。

決定做什麼與不做什麼，同樣重要

根據我教練過那麼多主管的經驗，我發現達標過程之所以被推延，可能是因為以下這些情境被忽略了，因此我想藉此機會列出來，以提醒主管們，在千百個你需要或想要追蹤的任務之中，得先聚焦在這些項目上。

㈠ 關鍵的二〇%

你是否知道對你帶領的團隊而言，關鍵二〇%的事務是什麼？這關鍵二〇%，能成為有力的槓桿支點，幫助團隊順利取得應有的成果。

你是否知道，你自己的關鍵二〇%的任務是什麼？針對自己的關鍵二〇%，你責無旁貸，此外，也要針對其餘的八〇%設計管理與回報的機制。

許多主管自己都搞不清楚優先順序，卻反過來批判團隊成員的時間管理很差；你應該要回過頭來想想，自己是否沒有起到示範作用。

㈡ 你有興趣「且」有辦法持續介入的事

主管有興趣的小事可多了，然而，並非所有小事都是你擅長的領域，也不是所有你擅長的領域都需要發表意見。

「我覺得門市出入口的動線應該放寬一點……」
「為什麼製冰機選了這個品牌？」
「出貨日為什麼定在每週三跟五？」
「我認為簡報的色系用暖色系更好……」

事情的追求是沒有上限的，因此，你得確保自己給出意見的事，是你能持續關注、追蹤的事。除非你認為這件事真的很重要，而你會排除萬難、親自追蹤，直至你想要的結果發生為止。如果你做不到，就、千、萬、別、沾、醬、油！想到就問一下，然後不管三七二十一地打亂節奏，弄得人仰馬翻，但事實上，你根本也無法證明你的做法會帶來比較好的結果。該閉嘴時要閉嘴，讓那些更能專注於此事、更能掌握全貌的人去負責。

㈢ 團隊第一次要進行的事

不要忽視人性對於未知事物的恐懼與抗拒。我們都有這樣的經驗，在真正去做一件還沒做過的事之前，那些糾結、焦慮、負面假設、自我懷疑，遠比真正啟動後的辛苦還要折磨人。你的團隊夥伴也是人，而且通常是比你沒經驗或能力沒你好的人，他們的心理小劇場絕對精彩無比，而你應該更有意識地去面對與處理這件事，以降低這段時期可能帶來的猜疑及耗損。

例如，以前都是做某個規模以下的客戶，但因為表現不錯，大夥兒都認為可以往上挑戰一個級別，為資本額或市值是目前客戶族群的五倍的企業體服務。這時，不要以為只是要求團隊一如既往地敲定會議，帶著既有的提案簡報（pitch deck）出門，一切就會順利發展。事實上，你應該要參與頭幾次的客戶拜訪，除了能更真實掌握新舊領域的落差感，且更迅速做出重要決策與配套的判斷之外，也能讓團隊感受到你的陪伴。倘若你是業務主管，最好親自帶領團隊，直到搶下新領域的第一個灘頭堡；這可以激勵團隊的士氣，而你也不會因為團隊成員遲遲無法拿下客戶，就以為他們在找藉口，或批判他們沒能力。

有句話說：「理想很豐滿，現實很骨感。」我覺得這個作家真厲害，運用貼切又幽默的對比，來形容一個硬邦邦、甚至可能慘兮兮的狀態。一個再有潛力的人，若做不出成果，就難以證實其潛力；一個有企圖心的想法，若無法反映在成果上，就沒有太大意義。能夠帶領團隊達成目標，是主管的基本功。

3 如何溝通軟期待——建立「我的使用說明書」

表裡一致，讓你的所想＝所說＝所做

所想＝所說＝所做，這個公式並不是很多人都做得到。比較好的情況是，對於某些人，你做得到；比較差的情況是，不管對誰，你都做不到；更差的情況是，你連對自己都無法誠實，不敢面對自己所想要，不敢說出自己所想說，不敢做到自己所想做，最終成了一個表裡不一致的人，還嚷嚷著為何沒人了解真正的你。

其實我們天生對自己的需求與感受是極為敏感的。回想每個初生兒，餓了就哭，屁股不舒服就鬧，看到不喜歡的東西就皺眉頭，吃到好吃的食物就咧嘴笑。但是，隨著年紀的增長，我們開始學會語言、懂得表達以後，事情反而不單純了。很多時候，我們選擇不直接說出真實的感受，不論是否因為在成長的過程中曾受到壓抑，或不知不覺間被社會影響，總之，我們開始習慣提出「想法」，避免分享「感受」，也會包裝或逃避自己的感覺。然而，工作場域中需要與同事長時間相處，如果大家都不習慣或不願意說出自身想法，卻又希望彼此有默契，這不是注定了要失望或無效嗎？

沒有建立期待值，就無法管理期待值

現今職場中，關於「硬」成果的期待值，大家都很熟悉，例如：年度營收目標是十億、預計六個月內完成 ERP 系統、預計透過該活動吸引五千名新會員。

然而，對於「軟」態度的期待值，通常很不具體、很難溝通、更難量化，溝通的過程中也很容易引起過度或不必要的情緒反應。這麼多年來，經歷過這麼多組織，我發現大家還是一廂情願地認為，即便自己形容得模稜兩可，但所有人應該還是能夠理解得明明白白，且完完整整地在行為上呈現出來。事實是，沒有建立清晰的期待值，就不可能有效地管理產出。

運用「我的使用說明書」，加速他人與你的有效互動

你有藍牙耳機嗎？你用過手持電風扇嗎？你知道連衛生紙這種簡單到不行的物件，都有使用說明書嗎？你覺得人比較複雜，還是這些生活用品比較複雜？對，當然是人，但人沒有使用說明書，而我們卻又期待他人非常理解如何與我們相處、能夠完全掌握我們是什麼樣性格的人，這不是痴人說夢嗎？

是的，人類千變萬化，無法像產品那般容易規格化，但不也正因為如此，才需要多提供一點線索和資訊，來協助他人與我們有效地互動嗎？沒有人是你肚子裡的

蛔蟲，能夠知道你在想什麼、在意什麼、哪些時候說的話是認真的、哪些時候說的話是開玩笑的……。

為了縮短他人認識自己的時間、快速定向共事者對於工作習慣的偏好與看法，以及促進有效協作，我想介紹這個管理「軟」期待值的實用工具——「我的使用說明書」，包含以下三個部分：

㈠我的期待值（My Expectations）

明確列出你最希望工作團隊與你互動的五種方式，不能只是丟出一句口號或一個單詞，**要以行為來舉例說明**。舉例來說，「我期待每個人都是負責任的」，但是，誰不想要與負責任的人共事？而你對負責任的定義與他人的不見得相同，因此你要列出的是：「我期待每個人都是負責任的，對我而言，今日事今日畢，答應的日期絕不拖延，就是負責任。」

㈡我的承諾（My Commitments）

天底下沒有這麼好的事吧，只有你會要求別人，自己卻不願意付出什麼。**敢要，也要敢給。**列出你願意承諾執行與付出的五件事，同樣要舉出具體行為，例如：「我承諾協助你成為更好的自己，那代表我每個月會與你進行一次一對一談話，聚焦於提升你的專業職能，或是釐清你的困擾。」你可以想像，若你只是寫出「我願盡我所能地協助你發展」，感覺會有多麼空虛且薄弱。

㈢我的地雷區（My Hot Button）

職場畢竟不是家庭，列出你的地雷區，也不是要大家就得乖乖順著你的毛摸、十足遷就你。但是，若有些地方的確是你的地雷區，一旦被踩到，你就會完全或部分喪失該有的表現，那你的確可以事先**打個預防針**，讓大家盡可能多了解彼此或互相尊重。這部分和前兩部分不同，只需列出一項你真正的死穴。例如：「我的地雷是被誤會。關於我的資訊，尤其是負面陳述，請直接向我釐清，沒有人可以或應該代表我發言。」此處列出的數量必須比前面兩個項目少，否則同事動不動就冒犯到你，難保你不會成為所謂「難搞」的人。

準備好「我的使用說明書」之後，可以在以下三種情境裡使用：

㈠新人的入職引導（Orientation）

在新人報到的三天內，向其說明直屬主管、高層主管、直到總經理層級的「我的使用說明書」，可以快速地讓新人對公司的管理風格有個概念，不要讓新人自己猜。同時提供不只一個層級的「我的使用說明書」的好處是，可以加速新人對公司文化的掌握，也能避免有人以不夠了解高層的風格、想法或信念體系為由，做出極不符合期待的行為。

㈡不定期的團隊建立（Team Building）

不管是接手前人的團隊，或是招攬自己的成員，這都是很適合用來進行內部有效溝通、增加向心力的工具。請每個人事先準備好自己的使用說明書，然後向組內成員一一說明自己的期待值、承諾及地雷區。大家都是出來工作的，不至於特地給誰難看或踩別人的雷區。把你想要的、不想要的，都用書面寫下來，讓自己與他人的互動之間有個基本的遊戲規則，時間一久，尊重與有效性就有機會堆疊出來。

㈢季度或年度的一對一會談（1 on 1）

許多主管不太會進行一對一會談，很多時候會出現這種對話：

主管問：「有沒有什麼問題？」

部屬回：「沒有。」

主管說：「有問題可以隨時來問。」

部屬說：「好。」

「我的使用說明書」可以在這種時候派上用場。一季、半年或一年過去了，若某團隊成員並未體現出他／她寫的「我的使用說明書」時，你就能以此啟動對話，在他／她的期待值、承諾或地雷區中，選擇他／她做得特別好或特別不好的一兩個地方，拿出來討論，如此一來，對話就不至於無邊無際地發散。使用一段時間後，你還能不時透過提問去引發部屬更完整或更深層的反思，例如：

- **清楚說出你的承諾之後，為你的工作帶來哪些好處？**
- **勇敢說出你的地雷區之後，對你的人際互動有造成什麼影響嗎？**

關於「我的使用說明書」，有兩個提醒，第一個是盡可能**正面表述**。就像許多父母會不斷重複「不要爬上桌子，很危險！」但父母能規定多少該注意的事項呢？爬上椅子可以嗎？翻過櫃子可以嗎？其實，不如直接說「我希望你注意安全」，如此一來，孩子的焦點會放在「安全」上，而不只是不要爬上桌子。

第二個提醒更關鍵，那就是切記要**列出你自己也做得到的項目**，不要列出一些你認為自己很想擁有、卻還做不到的。例如，你的期待是紀律，但你自己是個天天遲到的人；或者，你的地雷是表裡不一，但自己卻總是人前一套、人後一套，這就會弄巧成拙，反而讓大家用放大鏡去檢視你的行為，加速對你的失望。
在期待值這件事上，不要追求朦朧的美感，越透明越好。

4 如何聽懂別人的話——對話不等於溝通

人沒有讀心術，你不講話，沒人知道你在想什麼。可是講話好難，明明想講這個，卻講成那個；對方說沒這個意思，但你解讀起來就是那個意思。很多時候，我們難免會陷入認為自己不夠會講話、不夠會溝通的自我鞭笞裡。

不要理所當然地以為你完全聽懂對方的話

標題的這句話是我從我的一位香港恩師那邊聽來的，上他的課時，總令我的腦細胞暴增或暴減，當下常常無法消化他的內容，得等到事後反芻或遇到某些事件時，才會赫然連線：「啊，原來他說的是這個意思、這種感覺。」

聽到他說這句話時，對於自認很願意溝通、也還算會溝通的我而言，是一記當頭棒喝。沒錯，也許我們都有太多的理所當然了，才會產生這麼多的曲解、誤會、爭辯。

有一個名為ＩＬＡ（International Listening Association，國際聆聽協會）的組織，是受「聆聽之父」雷夫．尼克斯博士（Dr. Ralph Nichols）所影響，而由其接班人曼尼．史戴爾（Manny Steil）博士於一九七九年創立，協會成立的宗旨是「推廣有效聆聽的學習與發展」。雷夫．尼克斯博士曾說過一句話，我深有同感，他說：「人最基本的需求就是理解他人與被他人理解，而最容易理解他人的方式就是聽他們說。」

有什麼方式，比好好聽一個人說話，更能理解他想要什麼呢？是的，有些人詞不達意、言過其實、表裡不一，但只要我們真正去聽，一定能從中得到一些有價值的資訊。

兩個人在對話，不代表在溝通

什麼是溝通？我們來看看幾種對話的場合：

- 某個名人對著千百名畢業生發表致詞。這是溝通嗎？不是，因為沒有互動，這是演講。
- 將軍對著軍人訓話，軍人回覆「是的，長官」。這是溝通嗎？看來也不是，因為沒有雙向交流，這是指令。
- 兩個朋友聚在一起，天南地北、無所不談。這是溝通嗎？還是不算，因為沒有必須達成的共識，這是聊天。

因此，我們應該可以如此定義，溝通是「為了達成共識而進行的雙向互動」。

很多人認為溝通的關鍵是口語表達能力，其實，更基礎的第一步，是要懂得透過聆聽來開啟有效溝通。聆聽能使你從「聽到」資訊，變成「聽懂」想法，而這一切皆始於「想聽懂的企圖心」，溝通意願比溝通技巧重要得多。

對話是資訊的交換，溝通是情感的流動

我認識的人之中，有很多人都忍受不了「空白」的毛病，特別是擔任業務或公關角色的人，對於所處場域裡出現幾秒鐘的空白，完全做不到泰然自若，反而總習慣丟些話語去填充場面，與人有一搭沒一搭地聊著天，對方敷衍的回話或乾笑，都成了他們的安慰劑。這種風花雪月的對話不走心，有也好，沒有也無所謂。

有些新手、甚至資深主管也會這樣，在會議中丟出一個問題後，不管在場有幾個與會者，大家通常會進入一片靜默，紛紛低下頭去，深怕跟主管對到眼神。若是不幸被指定回答，為免引起公憤，就選擇一些不得罪人的資訊來講。這種不痛不癢的對話並不重要，被聽見也好，沒被聽見也無所謂。

因此，並不是每個場合、每個對象都適合或需要有情感流動；大家圖的，也不

過就是那一時半刻的輕鬆，這樣的對話沒有分量，無須太在意。然而，許多人每天與同事相處的時間，遠超過父母、親密夥伴或朋友，若是長時間只有交換資訊的對話，沒有情感的流動，絕對不是健康的。人不可能沒有情緒感受，如果長時間沒有表達出來，要麼會壓抑過頭，要麼我們會對自己的感受越來越陌生，與他人、甚至自己的情感產生解離的現象。

我想試著用一個比喻來說明我對「資訊交換」和「情感交流」的認知。資訊交換比較像樂高積木，假設你要使用一塊積木來堆成大樓或車子，而這塊積木的確在不同物件中占據著某個位置，但積木本身的質地和顏色並不會因此改變。情感交流則比較像「虹吸原理」，即便兩個容器間的液體與壓力原本是不相同的，但最終會因為兩個容器的液面達到相等高度，而停止虹吸現象。

人與人的互動，會影響彼此的能量場，只要溝通中的任一方帶著憤怒、無奈、同理、感動的情緒，另一方身處在同一個能量場裡，狀態就會被影響。如果在某些時刻，你想要或需要有正向對話，那就別只是等待他人去創造，**你自己也可以主動設定或調整情感與能量，使氛圍更快速地轉變為你想要的模樣**。

美國心理學家喬治・米勒（George Miller）提出的「七加減二」論述中提到：「我們的意識（conscious mind）一次只能處理七加減二的資訊，其他一概刪除。意思是，我們在最佳狀態時可以處理九個資訊，最差的狀況下可能只有五個。」

另一位教授提摩西・威爾森（Timothy Wilson）提出估算：大腦透過我們的感官系統所接收的資訊量，達到每秒一千一百萬個位元。在這一千一百萬位元的資訊中，大腦可以處理的只有四十位元。

因此，以資訊為主的對話，能夠傳遞的東西其實十分有限；以感受所連結的交流，則更有機會被溝通的對象接收到。在許多場合中，與其花時間鑽研對方字面上的意思，不如留神觀察對方整體的神情、精神、肢體，以試圖掌握對方真正的意圖。那些沒說出口的話，比說出口的話重要多了。

對話有聲，而溝通可以無語

我在「有效溝通」的賦能工作坊中會進行一個練習：A組的學伴分享一個負面

情緒事件，B組學伴以積極方式聆聽，不以任何言語介入，結果竟然能減緩A組學伴的負面情緒。反之，A組學伴分享一個正面情緒事件，卻會因為B組學伴表達出愛聽不聽或不耐煩的狀態，而變得意興闌珊，不想再講下去。透過這個練習，大家都能體驗到，即便沒在講話，只要做到好好聆聽，就是在進行溝通。

聆聽可分成幾個層次：

㈠沒有在聽

你根本連假裝的興趣都沒有，完全不願意打開耳朵，這時任何資訊都是耳邊風，幫不了你，也傷不了你。如果你意識到自己沒有在聽，可試著以下面兩個問題協助自己回神：

- **如果你不是必要聽的人，為什麼你需要在現場？**
- **如果你是需要聽的人，為何你不認真聽？**

㈡ 假裝在聽

在一次性出席的場合中，若是內容無聊，我們大概也不太需要認真假裝。會讓我們需要或想要假裝有在聽的對象，通常是對我們來說相對重要的人。你一定有過這種經驗，聽老闆說話的時候、聽父母教訓的時候、聽伴侶叨念的時候，你無法轉過頭去，但眼神有時會穿越對方開開合合的嘴，飄到外太空去。長期「假裝在聽」的後果是，對彼此的期待值的落差會越來越大，因為對方會以為你聽進去了，最後，終有一天會造成雪崩式的巨大影響，你得花數倍的力氣才能修復關係。如果你意識到自己假裝在聽，可以問自己：

- **透過假裝在聽，你想要逃避的是什麼？**
- **透過假裝在聽，你想要得到的是什麼？**

㈢ 選擇性地聽

這特別容易發生在我們跟主管對話的時候。很多主管問了問題，留了些空檔，創造出「我在聽」的假象，但其實只是為了可以更冠冕堂皇地說出自己的意見。這會產生一個問題，即對方通常感覺得到你不是真的想聽，你只是想講而已；時間久了，會破壞彼此的信任感，對方會越來越懶得跟你講真話，而你也會越來越難取得你需要或想要的資訊。你可以想想：

- **什麼樣的情況下，你會選擇性地聽？為什麼？**
- **面對什麼對象，你最容易選擇性地聽？為什麼？**

㈣專注聆聽

這是有效聆聽的開始。你願意放下手邊的事，好好將你自己與你的時間交付給與你對話的那個人，你會把手機螢幕朝下、看著對方、心無旁騖地聽對方想講什麼。「慢即是快」，你有意識地準備好自己的狀態，你願意**人到心到**，你想知道對方到底想要傳達什麼。當你給予對方這樣的尊重，就會為你自己帶來被尊重的空間，進而提高你與對方互動的效能。

㈤ 積極聆聽

比起專注聆聽，積極聆聽更重要的是**「同理」**，並不是要你一味同情或接受對方的處境，而是你可以練習理解對方所遭遇的處境。這個層級的聆聽，不見得會有大量文字的交流，而是透過觀察對方的語氣、語調、語速、呼吸、眼神、肢體的呈現，更完整接收到對方真實的想法與感受。你同樣可以透過非語言訊息的回覆，讓對方收到你的理解與支持，這時就會達到「無聲勝有聲」的交流，是最高層次的連結。

最後這個層次並不容易做到，但很關鍵。美國心理學教授艾伯特．麥拉賓（Albert Mehrabian）曾提出著名的「7—38—55溝通法則」，他於一九七一年出版《沉默的訊息》（*Silent Messages*），其中提出溝通三要素：內容（words）、語調（tone of voice）、非語言行為（non-verbal behaviors），並指出其占比依序為七%、三八%、五五%。不料，許多人開始不分青紅皂白地濫用此一比例。他於其後另一本書《非語言溝通》（*Nonverbal Communication*）中強調，只有當某個說話者的非語言訊息，與其所說的內容不一致時，才適用此一比例。

雖然我們不應低估溝通內容的重要性，但當你聽見一個人說「我沒有生氣」時，卻出現語調高昂、神情激動、胸口起伏大、雙手握拳的表現，這就提醒了你，需要更進一步釐清對方的意圖。一般來說，我們更傾向於相信非語言訊息所傳達的資訊，因為若要偽裝所有非語言行為，比說出違心之論要難得多。

聆聽與聽懂別人的話，是有效溝通的第一步，是最基礎的環節，卻也是最關鍵的環節。**好好聆聽，慢慢來比較快**。

5 如何讓別人聽懂你的話——透過提問確認溝通有效性

所有失敗的溝通，有時很難說是誰對誰錯，只能看誰的判斷更接近完整的全貌。問題是，很多人認為「自己知道的」就是全貌，或者希望答案就是自己以為的那樣。不同的人，加上他們自己的立場後，會放大或擷取他們想要相信的部分資訊，這不過是人性的呈現。

不要理所當然地以為對方完全聽懂你的話

標題的這句話跟「不要理所當然地以為你完全聽懂對方的話」是一組的。

我曾參與過一個客戶的例行主管週會，創辦人要求某個主管分享最近接到的一件特殊需求，讓大家都能共同學習並累積經驗。這位主管解釋完後，現場一片沉寂，沒人發問，也沒人說謝謝。創辦人問大家：「聽懂他的說明的人，請舉手。」沒人舉手。創辦人又問：「聽不懂或沒有完全聽懂他的說明的人，請舉手。」主管們紛紛舉起手。創辦人對分享者說：「在座的都是主管，都具備相當的專業知識，如果連他們都聽不懂，你在向你的成員布達或說明時，懂的人有幾成？或是他們聽得懂幾成？」

你需要透過提問去確認對方的理解是什麼，而且不需因為對方理解或記住的，與你希望他理解或記住的有所出入，而感到不高興；你該試著以不同的方式多說明幾次。溝通是個持續的過程，而非一次性的結果。

在人生的重要關係裡，比較沒有時間限制，你有大把的時間去探索、釐清、建立彼此的互信與理解；然而，職場玩的是一群人一起達標的遊戲。在公司裡，一群人必須在有限的時間與金錢資源下，一起達成某種目標。無論你喜不喜歡、擅不擅長，也不管你是老闆還是打工仔，都得鍛鍊自己溝通的功力。

我有個朋友，個性爽朗，行動力十足，他思考與講話的速度都很快，能三句話講完的事情，絕不會用十句話。我後來遇到他時，他的公司已成長到兩百五十人左右的規模，在該領域有著大神級別的地位，但他卻面容憂戚、嘆氣連連。出於關心，我問他有什麼困擾，是營收不好、獲利不佳，還是核心團隊出走？

他說：「都不是，是我處理溝通議題到了神經衰弱的地步。」他一口氣舉了好幾個例子，語氣充滿無奈與抱怨。

我說：「我有一個好消息和一個壞消息要告訴你。好消息是，這是個奢侈的煩惱，因為這表示你沒有求生存或火燒屁股的急迫性問題。壞消息是，隨著公司越來越大，你對溝通有效性就不會有感到滿意的一天。過去只有幾十個人，想討論什麼，請全體人員進會議室擠一擠，現場吵一吵就完事了。現在，要布達一件事，還得先考慮要不要分批、場地是否容納得下、不同梯次是否有足夠椿腳。」

他問：「我該跟他們說什麼，才能提高他們的溝通有效性？」

我說：「要提高他們的溝通有效性，你得先對『溝通』建立起正確的期待值。你要先調整自己，才有機會去影響組織內的其他人，並撼動目前的溝通慣性。」

團隊的溝通有效性，並不是一蹴可幾的結果。這不像打針、吃特效藥就能痊癒，反而比較像吃中藥調理的過程；黑糊糊的藥湯裡，融合著各式藥草的效能，你得持續服用，才能在一段時日後，感受到體力和體質真的有變好。

你說了什麼不重要，對方聽到什麼才是關鍵

我在顧問公司當中階主管時，有一個很重要的職責是要分派新進專案，以及在某個人離職後，把專案轉派給合適的人選。這個任務既敏感又吃力不討好，但因為是職責所在，且我自認尚算公平正直，處理起來倒也沒發生過太多爭議。有一次，某個重要專案的負責人離職，我便在當時的兩個小主管中指派了A接手，除了因為A手上的產能較有空間，我也想讓A透過該專案來增加歷練，這對A個人或團隊競

爭力而言，都會是一種加分。

我在業務會議上提出我的分派，殊不知，這引起了小主管B的情緒反彈，會後他馬上找我質問：「妳為什麼不指派給我？」

我說：「我希望你專注把Y客戶處理好，那對團隊也是很重要的。」

小主管B說：「是因為妳比較喜歡A吧。」

我心中一把火瞬間冒上來：「這跟喜不喜歡有什麼關係？」

小主管B說：「我還差多少業績就能達標了，妳為什麼沒有幫我想一想？」

那一刻，我猛然驚覺，我覺得什麼或說了什麼並不重要，**「他人收到什麼」**比較重要。就算是再單純的資訊，每個人還是會依據自己的思考習慣或自身利益去做出解讀。這再次提醒了我，人與人的溝通真是一門很複雜的學問。我提醒自己，進行敏感或重要資訊的傳遞時，絕對要更細膩地處理，也要記得把人的元素放進去，不能只依賴資訊與邏輯做出所有判斷。

多提問，才能掌握別人聽到了什麼。**提問時保持真誠與好奇，別偽裝，因為你的包裝式提問，每個人都聽得出來。**

很多時候，上位者會有意識或無意識地將「指令」包裝為「溝通」，他心中可能已經想推進某件事，但他會召開會議詢問大家：「我想聽聽你們的意見，我會尊重你們。」然而，當大家表達完真實意見，若不是上位者心中的預設答案，通常免不了會有一番大發雷霆，最後還是要大家聽他的。「言行一致」在溝通時格外重要，你想的等於你說的，你說的等於你做的，才能種下良好溝通的種子。

此外，有情緒不等於情緒化。有情緒與情緒化，都是對當下情境的直接或真誠的反應。一個人不可能沒有情緒，只是你不習慣去正視或說出你的情緒罷了；但情緒化則是指你失去主導權，讓情緒控制了你，導致你說出你不想說的話、做出你不想做的事。

我自己的性格很急躁，剛當管理者時，常會十句話併成三句話說，結果是事後得回頭滅火或擦屁股，活生生用自己寶貴的時間去驗證「欲速則不達」的真理。我認識的一位女性前輩，擔任過ＡＣ尼爾森市場研究公司的亞太區高階主管、三創生活的副總等職務，她頭腦清晰、精明幹練、精通英法語、穿著有型得體，是我很崇拜的一位偶像。我有幸見識過她運用不慍不火的高超溝通力，去推進一個又一個的困難專案，讓三百六十度的合作夥伴都對她的想法與做法買單。關鍵就在於，她總是帶著一定要與對方達成共識的強大企圖心出發，而她也相信只要不放棄，就絕對能達成共識，即便是必須經過多次往返溝通。她給我的建議是：「別急，快速（fast）不等於匆促（rush）。人一急就顧不得口氣，容易詞不達意，引發不必要的聯想或誤會，事後得花更多時間處理，得不償失。」

為了掌握溝通對象對你所說的話的理解程度，以下分享三個提問技巧：

㈠釐清

提問重點：針對「模糊點」進行釐清，確保雙方對於要點的認知與定義是一致的。

提問舉例：對於我提到的〇〇，你的理解是什麼？可以跟我分享你的定義嗎？

㈡核對

提問重點：針對「關鍵想法與核心事實」進行核對，確保雙方掌握的資訊程度是同步的。

提問舉例：我聽到〇〇，這對你來說是最重要的，是嗎？

㈢ 統整

提問重點：針對內容繁雜或歷時較長的對話進行「共識總結」。

提問舉例：可以麻煩您歸納我們剛才的討論，做出總結嗎？

想讓別人聽懂的企圖心，比能讓別人聽懂的能力更重要。

賈伯斯的產品再強，也還是得大費周章地排練再排練，才能在產品發表會上精準傳達出他想讓市場認識的產品。沒有人是你肚裡的蛔蟲，話不說不明，**重點不是你講得多清楚，而是別人聽得多明白。**

6 讓時間成為你的朋友

時間不一定得是敵人

我講話快、吃飯快、思考快、決策快，但待處理的項目還是一直加進來，所以我講話更快、吃飯更快、思考更快、決策更快；我恨不得像外星人那樣可以讀心看腦，吃飯能以吞藥丸帶過。當時，我很清楚這樣下去不是辦法，但又實在不知如何改變自己瘋狂陀螺轉的狀態。

直到我進入一間私募基金公司，創辦人是華倫・巴菲特（Warren Buffet）的信徒，他使我對時間有了不同的觀點，他說：「時間是朋友。」我第一次聽到這句話時，無法理解也不願接受：「時間永遠不夠用、事情永遠做不完，時間根本是許多工作者心中難以承受之重，怎麼可能是朋友?!」但聽多了，我好像開始明白他的意思了，他是指，我們得做些時間會站在我們這邊的事。舉個簡單的例子來說，持續運動，隨著時間增加，對身體的好處就能逐漸顯現。工作也是一樣的，若你真的覺得某個能力很重要，就持續學習與練習，前進一點是一點，終有一天，你會創造出別人追不上的差異優勢。因為時間是不可逆的資源，你越早開始鍛鍊或投入某項事情，就比別人越早開始積累這方面的經驗值。

成為時間的主人

著名的時間四象限，是讓事情分別落入重要又緊急、重要不緊急、緊急但不重要、不緊急也不重要的四個區域。我剛出社會時，經常使用這個方法，也的確幫助我很多，使我對於輕重緩急的掌握度很高。然而，我的職務權責越來越大，事情越來越多，導致超過七成的事項都落在重要又緊急的區塊；我的待辦清單上，每打勾一件、會再冒出兩件，我開始覺得四象限不足以支持我成為時間的主人。

我擔任某零售通路自有品牌的採購經理時，曾為了推出一系列茶飲，參觀十數家飲料工廠。在規劃生產排程時，工廠提出需依據其生產排程下單的要求，我還有點不是滋味，認為供應商不就應該依據買方需求來進行生產嗎？負責窗口向我解釋，每次生產不同內容物時，所有的器械管道都須拆下來清洗，特別是管子彎角處，得用高壓水柱與高壓蒸汽來回處理多次，才能開始生產下一個產品。每回拆卸、清洗、組裝、確認，就要花上四小時；一天若來回拆兩次，就會大大影響產量，雖不是不行，但必須增加成本報價，也就會影響到末端市場售價。

這麼簡單的生產道理，卻深深影響了我。我相信很多人跟我一樣，過著被時間追著跑的生活，該準備的報告還沒動工、該做的溝通省不得、該回的郵件堆積如山；但我很幸運的是，在參觀飲料工廠時，悟出時間管理的精髓：「一次生產一樣東西最高效。」

你得做些什麼，去跟時間打好關係

後來，我把時間與金錢的連動概念加重，發展出「時間預算」來規劃並運用時間，以確保我的時間花在刀口上。因此，永遠在跟時間賽跑的狀態逐漸有了轉變，除了能判斷出輕重緩急，我對於時間的規畫精準度也越來越高。即便不在預期內的事件與對話仍會發生，但我總算能游刃有餘地安然度過所有任務。

這套「時間預算」管理法，無論是在我得支援三個主管的菜鳥助理時期、同時負責超過二十個專案的顧問時期，或是帶領二百五十人集團的總經理時期，都是夠用且適用的工具，其中包含「時間塊、防波堤、安可曲」三個元素：

㈠將一週分為十個「時間塊」

據說比爾．蓋茲（Bill Gates）的行事曆是以十五分鐘為單位，但是他有助理，我們沒有。我不建議一般人以十五分鐘來切割時間，因為錯過行程的機率太高了，突然來一通電話、被老闆叫去問事情，就會讓我們因為無法遵照預定時程，而產生焦慮與沮喪感，最後對時間管理的概念失去信心。經過反覆測試後，我認為塊狀規畫是最佳解法，亦即每半天為一個單位，一週就會有十個「時間塊」。「時間塊」規畫的重點是，盡量在同一個時段內集中進行同樣性質的事，以避免沒有產能的暖機時間。很多公司喜歡在週一開例會，那就讓你的內部會議盡量集中在同一天，上午開部門會議，下午進行一對一會談，或者討論專案相關進度。

工作性質中包含客戶服務的人曾問我：「我怎麼可能知道客戶哪天有空？」其實，客戶還是有機會被管理或溝通的，你可以試著每週二上午或每月第一個週三去聯繫客戶，時間一久，就像《小王子》裡小王子與狐狸的關係，你們會逐漸建立出一種習慣、一些默契；你會在不知不覺間協助客戶管理他們的時間。

㈡預留兩個「防波堤」

工作中難免會有突發狀況，突然被叫去討論事情、客戶突然打電話要東西、身體突然不太舒服，這些事件的發生難以控制，但其實我們可以預測的，是絕對會有意外發生，因此應該將「意外」規劃進去。我建議，你只能用掉八個時間塊，預留兩個「防波堤」作為緩衝。這不是指意外只會在預留的時段發生，而是你在必須中斷既定行程去處理某件事時，之後仍有時間補回你原本該做的事，以降低你的煩躁感。

多年下來，根據我與很多人實際運用的經驗，是把這兩個「防波堤」放在週三與週五下午最好，如此一來，每週會有兩次追回進度的機會。這兩個「防波堤」是必要的存在，一定得留著。二〇%是很基本且還算健康的假設值，即使很難，你也得想辦法不要把行事曆塞得滿滿的。若你無法每週留出時間去處理問題小雪球，終有一天得付出巨大代價，處理更為棘手的問題大雪球。

㈢最多三個「安可曲」

對有些人來說，加班是常態，特別是某些產業的某些月分，那就可以每週增加一些「安可曲」，亦即白天時間與人互動，另外將自己可獨立完成的工作排在六點以後。重點是，一週建議最多三次「安可曲」，其他兩個晚上和週末，你可以去運動、陪伴家人、放鬆、進修，如此才能走得更健康、更長遠。人不是機器人，沒有任何人能夠長年累月加班，還維持絕佳的身心狀態。

在執行「時間預算」時，有一個心法頗為關鍵，那就是「GSD」（Get Shits Done，把狗屎處理掉）。如果說「GTD」（Get Things Done，把事情處理完）是每個人都該具備的能力，它的進階版或主管版就是GSD。對，把狗屎處理掉吧！好吧，狗屎或許有點粗俗，把「棘手問題」處理掉吧！你該不會天真地以為，事情都會照著流程走、所有人都會相親相愛、客戶都會無條件地愛戴我們吧。事實上，某個環節出現誤差，是非常正常的。沒有人喜歡意外，但若你直接預設會有意外的出現，那麼當意外真正發生時，你的情緒干擾可以降到最低，你就有機會更快聚焦於如何分析與解決問題。美國知名作家馬克・吐溫（Mark Twain）說：「每天早上先吞掉一隻癩蝦蟆的話，那一天就不會發生比這更糟糕的事了。」

方法都知道，就是看你做不做得到。**關於時間管理的能力，沒有奇蹟、只有累積。簡單的事情重複做，就會有力量。**

7 善用長期目的，支持短期目標的實現

每次到了年尾年初，各式各樣績效考核的課程需求便傾巢而出，不斷更迭的工具如KPI、BSC、MBO、OKR，讓經營者與人資眼花撩亂、疲於奔命，深怕趕不上最新的潮流，或是錯過最好的評估方法，而使得企業競爭力下降。隨便抓幾個主管，大多能洋洋灑灑地說出一整套應該要達成的任務，但是，問到公司的願景與使命時，卻鮮少有人答得出來，即便這樣的資訊通常大剌剌地呈現在官網上，甚至嵌在公司的門口或大廳或會議室的牆面上。

其實，訂定目標是違反人性的，因為目標總會伴隨著壓力，而人性向來會趨吉

避凶，主動朝向良好的感覺奔去，並閃躲會造成不舒服的情境或元素。但是，問題來了，組織可不能是漫無目的、毫無章法的存在，因為每天一睜眼就要燒錢；一群人聚在一塊兒，若沒有對於前進方向的共識，那還不如不要在一起。

如何解套人性對目標的抗拒，還能同時滿足組織生存的需求？那就要學會善用「目的」。

「目的」是起心動念，是一切的開始

清晰且立意良好的「目的」就像指南針，能指引個人或組織朝所欲的方向前進，度過各種時刻，產生激勵的作用，創造巨大且持久的動能。

你想活出什麼樣的人生？這不容易回答吧！組織的目的，是一群人對前進方向的共識，這更不是一件容易得到答案的事！因此，決定組織的「目的」，通常是個靈魂大哉問的過程：

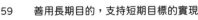

- **公司想創造的價值或解決的問題到底是什麼？**
- **公司是為何而戰、為誰而戰？**
- **做這件事的重要性與意義是什麼？**

我的好朋友林宗憲（Sam），三十幾歲時創辦了一家社會企業「搖滾爺奶」，他累積了十年以上、對孩子說故事的功力與經驗，在銀髮世界裡重新被賦予了意義：他教爺爺奶奶說故事給人聽，而且不是義工，是有給薪的。他辭去工作、傾其所有、不遺餘力地宣揚「退而不休，老有所用」的理念。

他說：「你知道台灣的自殺人口中，高齡者占四分之一嗎？」

他說：「我要協助高齡者找到自我價值，並創造社會參與。」

他說：「高齡且樂齡，我來陪他們一起老。」

一個年輕人，單純地、真誠地、熱切地朝向這個願景走去，其過程的艱辛，一言難以蔽之。實體推展時，他背負著沉重的場租壓力，在資金不充裕的情況下，行銷宣傳僅能依賴極大化的口碑相傳。雖然獲頒很多獎，也被報導過非常多次，但存活仍然是件不容易的事，他一次又一次參與各式標案和贊助，也一次又一次經歷等待及落榜。要不是深刻認同當初所選定的「目的」，他是難以撐過那些入不敷出的日子、那些人情冷暖的嘴臉的。

然而，一個人的力量有限，他不會理所當然地認為新舊夥伴時時刻刻都被那個巨大美好的願景感動著，因為過程中的艱辛很可能會損耗當初的熱情。為了凝聚夥伴，他溝通、溝通、再溝通，隨時喚起大家之所以走在一起的原因。無論是在重要場合、會議上、一對一的時候，他都不斷地述說，讓大家對於這個目的深信不疑，並持續保有共識。

「目標」是達成目的之踏腳石，是走在正確軌道上的驗證

為了實現「目的」，在企業不同的生命週期中設計不同的「目標」，是非常必要的。特別是處於衰退期或穩定期的組織，只要懂得透過一系列的小目標，來創造持續小贏的節奏與氛圍，就能讓團隊透過明確的達標事實，來確認自己走在正確的

軌道上，進而凝聚團隊的向心力。因為有時「目的」巨大而遙遠，當團隊持續看不到終點，就會衍生不確定感、降低成就感，導致能量逐漸耗損。

我曾受邀協助一家超過三十年的傳統企業進行重整，當時感受到一股令人驚訝的老態龍鍾的氣息。創辦人在幾次與我的互動中，大談對團隊的期許，也打從心底認為他的公司卡在一個很好的立基點，不至於會被人工智慧所取代。我逐一與公司的一級主管進行一對一會談，技術部門主管叨叨念念的，是十幾、二十幾年前的豐功偉業；業務部門主管一派輕鬆，說公司這麼多年來，從沒有設定過業績目標，老闆人脈超廣、不愁沒案子接；財務主管則是堂而皇之地說公司只做專案預算，不做公司預算，目前為止老闆也都還調度得來。

也許是我見識淺薄，但聽完一輪後，我真是冷汗直冒——他們是如此一廂情願地依賴著「超業」（超級業務員）老闆！但老闆畢竟是創業者，深知「沒有近憂、必有遠患」的道理，他也想越來越輕鬆地經營公司，而不是因為要養越來越多人，而總是無法擁有自己的生活。然而，因為一群弟兄已經相處很久，一開始沒設定目標，後來想設，也不知如何下手，怕壞了氣氛或感情。公司要去哪裡、該做什麼，全部由老闆一人說了算，問題是，創辦人八十歲了，二代不想接班，一間三十年的公司竟然處於隨時會散的狀態。坦白說，因為沒有人覺得「沒有目標」是個問題，我與夥伴協助他們時相當辛苦。這樣的公司，在變動如此劇烈的商業環境下，被淘汰只是時間的問題。

好的「目標」須包含時間與數字的元素

「目的」與「目標」都可以作為前進的準則和依據。「目的」比較像信念，是想看見的東西，是長期努力的方向，較為抽象。「目標」比較像短期與中期的里程碑，是看得見的東西，要具體包含時間與數字這兩個元素，才會有意義。實現目標，就是組織裡的一群人，共同分工與互補、邊走邊調、逐步摸索出適合自家組織的達標方程式的過程。

計畫當然只是計畫，雖無法保障成功達標或永續經營，但能使你掌握並提升資源的運用效能，而資源不就是一間公司最有限的東西嗎？

目標的設定可以由幾個方向去思考：

- **往遠想，三年後做到什麼情境，團隊會感到驕傲與滿足？**
- **往回推，每半年必須妥善執行的關鍵二〇％要事是什麼？**
- **往內看，足以支持所列出的二〇％要事的組織架構配套為何？**

說得天花亂墜的願景，若在目標上壓不出時間與數字，就無法當真。過去的成功不代表未來的成功，即使沒發生足以令公司一夕翻船的事件，也許只是「還沒」發生而已。沒有規畫的成功，不能算是真正的成功，因為你不知如何複製成功。

「目的」與「目標」是一個硬幣的兩面，必須同時存在

有遠大「目的」，沒具體「目標」，走得慢，也可能走不遠；有「目標」而無「目的」，可能陷入見樹不見林的處境，瞎轉空耗。號稱中國最貴的商業轉型諮詢

師，前微軟（Microsoft）戰略協作總監劉潤說「看五年、想三年、認認真真幹一年」，我覺得很生動貼切，短短幾個字就把組織該做的事區分得明明白白。方向抓準了、不偏移，眼前的過程就是獎勵。透過以終為始的規畫，一步一腳印，到達心目中的應許之地，就是一件痛快的事。

8 追求效率，也要兼顧效能

管理大師彼得．杜拉克說：「效率是正確地做事，效能是做正確的事。」（Efficiency is doing things right; effectiveness is doing the right things.）

MBA智庫百科對效能的定義是：「使用行為目的和手段方面的正確性與效果方面的有利性。」對效率的定義則是：「單位時間內完成的工作量。」

上述每個字我都認得，但我實在不敢說自己懂得如何在工作上區分這兩件事。年輕時，我只是粗淺又直覺地認為只要效率高，效能便不至於差到哪裡去。我算快手，別人花兩個月才能完成的專案，我兩週內就能搞定。由於我當時覺得只要效率夠高，就能更快完成個人或組織的目標，連升遷都比其他人快，因此，搞不清楚這兩者的差異，好像也沒什麼關係。

後來，我加入了由黃谷涵（Hank）先生所創立的亞洲價值資本（Asia Value Capital）公司。他是個傳奇人物，大學時期同時歷經過滿手錢財又負債累累的狀態；創業後為了延攬心目中的好手，他可以數十顧茅廬。二〇一八年，他以「毛毛蟲資本」收購了「大慶證券」五一．〇二％的股權（二〇二二年更名為「美好證券」），將傳統券商轉型為科技金融企業，試圖突破經營的侷限，做出「最酷的」金融業。他的年紀才長我一兩歲，事業成功之餘，還是個具備深度求知欲的讀書人，他很喜歡追根究柢與辯論真理，背包中永遠扛著三五本書。

有一次，他問我：「妳的強項是什麼？」

我說：「我的組織力很強，也很高效。」

他繼續問：「妳是有效率，還是有效能？」

我語塞了，心想：「這兩者有差別嗎？反正，我能創造結果就好了，不是嗎？」雖然我打哈哈，混了過去，但這個問題在我心中埋下了種子，我開始好奇：

「差別到底是什麼？」若我無法掌握這兩者的差異，又如何能夠協助他建構出組織的效能與效率？

他給我的說明是這樣的：「出發點很重要，你要釐清做這件事的目的是什麼。一旦確立了初衷與目的地，那麼到達終點就只是時間快慢的問題。所有活動都是有效能的，若搞不清楚要去哪裡、為何而戰，就衝衝衝，那越高效只是死得越快而已。以組織的角度來看，經營者負責公司的整體效能，各部門主管則負責其單位的運作效率。經營決策的方向若有錯誤，各部門主管又剛好都是高手，反而會越有效率地將團隊帶往錯誤的方向前進。」

他說得很清楚，但我可是花了好多年才從各式體驗中體會出箇中差異，進而使自己與所帶領的團隊能在不同時間點實現效能及效率。接下來，以下面三點說明我對效率與效能的區分和看法。

效能著重結果，與目標連動；效率著重有效性，與過程連動

藝術家想必是「效能」的追隨者，他們對作品完成度的在乎，遠超過他們需要花上多少時間與精力去設計、雕琢、修潤，甚至會因為某個光線或角度不夠符合他們心中的想望，就作廢重來。

若某A住在台北，有一天，他住在高雄的父母突然出事，進了醫院；心急如焚的他，在搭火車、搭計程車、開車、搭高鐵等選項中，就會選擇能夠最快速且安全地抵達高雄的方式，這是「效率」的評估。

政治正確的說法是效能和效率都很重要，但在實際情況中，有時的確難以兼得。因此，倘若要給個建議，我認為在定調公司重要的里程碑、年度組織目標、職涯發展方向等時候，可多聚焦在效能的對焦；其餘日常的每月、每週、每天的營運，則主要聚焦在關於提升效率的討論。

效能需要的是預測未來，效率需要的是現況分析

效能較著眼於對未來的立場與想像，效率則傾向依據過去與現在掌握到的資訊，來進行分析及改善。一個組織的中長期策略，得靠許多短期策略來逐步實現。訂出中長期策略後，與我們日常生活息息相關的，其實還是得回到策略的落實。然而，許多企業輕忽了同步思考與規劃內部策略的重要性，以為清楚地寫出中長期策略，組織內部所有同仁就會自動知道該如何調整、所有流程就會完美相接，這真是天方夜譚。

我設計的「4R模式」曾協助過很多個人與組織發展，能快速聚焦團隊對現況的分析及共識，並確保團隊以較為一致的節奏前進，穩紮穩打地執行心目中的理想藍圖。4R模式的四個元素如下：

(一)保留（Remain）：為了實現中長期目標，我們想要保留什麼？

所有走過的路都不會白走。組織所經歷過的事，或是團隊成員所積累的經驗

值，一定有值得繼續保留的部分，可能是企業的重要信念、關鍵競爭力、核心技術、團隊文化等等。有哪一項或哪幾項元素，是即便經歷重重難關或決定轉換跑道後，大夥兒都不想放掉的？讓這一項或數項元素，成為足以繼續凝聚團隊向心力與競爭力的優勢。

㈡強化（Reinforce）：為了實現中長期目標，我們可以多做或強化什麼？

我們當然有可以做得更好的地方，產品的功能、服務的品質、流程的效率、溝通的效能……有些環節我們不是沒想到，但若是放任大家自由心證，以自身優先順序為主要依歸，整個團隊的動能將會被分散。面對公司的重要策略，大家應該同心協力，優先穩妥地執行全體公認最需強化的部分。此類別裡的項目不能超過三個，過多任務的話，大家根本記不住，若連記都記不住，就很難達到齊心發揮。

㈢減少（Reduce）：為了實現中長期目標，我們可以少做或降低什麼？

這是很關鍵的一個重點。有些事情若不處理，會像溫水煮青蛙，一時之間看不出什麼嚴重性，但隨著時間累積，就會默默耗損公司的資源，對團隊造成負面的影響。然而，一個組織要改善的事何止千百，這時便應該縮小範圍，挑出那些能夠改變八〇％後果的關鍵二〇％要事來進行調整。項目不能太多，每季或每半年訂出一項，讓大家聚焦於改善同一個項目，等到一季或半年過去，大家對於此項目的調整就更容易有感覺。

㈣ 排除（Remove）：為了實現中長期目標，我們應該停止什麼？

有些人、有些事是有毒的，在太平盛世時，公司可能還有餘裕可承受，但當公司面臨生死存亡的關頭、轉型、資源不足時，高階領導者就該以有魄力的方式，快速處理掉毒瘤。這不是件容易的事，不然這個有毒人事物不會還存在於組織之中。若你越不想面對，它造成的負面影響與資源浪費就會逐日增加，你最後將付出更大、甚至難以承受的代價。

根據４R模式所訂出的行動項目異動不宜太過頻繁，但也不宜間隔過長。不須每天或每週做更動，這會導致團隊無所適從。邏輯上可以試試每季或每半年重新與團隊達成一次共識，讓大家有機會共同校準節奏，再齊步出發。

效能玩加法，效率玩減法

我認識一家飲品業者，年營業額近二十億，他們從台灣中南部發跡，一路攻克到北部，在台北蛋黃區中的蛋黃區展店，單杯飲料或水果盤的售價幾乎都在兩百元以下，很難做到單店損平。此外，他們還在店裡闢出一個不算小的空間，做出農場與實驗室的模擬空間，讓消費者直觀地感受到手上的水果原物料是如何經過處理，並新鮮地送達他們手中的。創辦人的這些舉動，其目的明顯是為了達到「提升品牌認同度」的效能。為了替品牌增值，他將此店定位在行銷功能大於業務獲利功能，這是典型「效能玩加法」的例子。

「效率玩減法」的例子很多，其中一個常見的例子是，當組織越來越大，主事者忙著往外看、無暇顧及內部管理時，免不了會有冗員的存在，原本三個人能完成的事，慢慢增加為四或五個人，但經過幾年，產值也未見提高。這時候，有種做法是結合績效評核制度，將四個人減至三個人，並適度提高每個人的薪酬。總薪酬雖低於四個人的薪酬，但卻能提高每個人的產能，以及對薪酬的滿意度。

以前的管理者比較重視提升效率，會在前進的過程中要求流程完整、步驟確實。現代的管理者比較重視確保效能，並且在前進的過程中不斷釐清方向、調整做法。兩種著眼點沒有誰對誰錯；能夠在不同時間點，明白如何有意識地聚焦於其中一項，**使團隊資源得到最大的發揮，就是身為主管的你應該努力達成的事。**

9 創造張力，而非製造壓力

我的職涯中，曾有一任老闆向他人介紹我時，說我是他尋覓許久的千里馬。我對自己的工作呈現也算有自信，所以想知道他是如何形容我的，結果他最常講的，是覺得我活力十足，「晚上十點講話的聲音跟早上九點一樣有精神，比起那些早上九點聽起來就已經像是晚上十點般要死不活的人，與這兩種人的共事感截然不同！」我的祕方其實也沒什麼，純粹因為我是「過程就是獎勵」的忠實信徒，所以要麼我得到、要麼我學到，總之不會虧。這還不足以讓人分分秒秒都帶著能量、充分把握每件事嗎？

然而，我也壞掉過。有一次，上一個好朋友的Podcast節目「嘿！我在」，雖然事先知道該頻道主題談的是情緒低潮或憂鬱，但我們都想要自然發揮，就沒先核對過太多內容。沒想到，一路談下來，喚起我曾經因為扛不住壓力而崩壞的回憶。重點是，我壞掉的時候並不知道自己壞掉了，還以為只是因為第一次當總經理，壓力很大，當實現了幾年業務里程碑後，就幫自己找個看似合理的藉口，覺得應該去挑戰下一個職涯目標，便在手上所有的邀請中，找了一個離家最遠的工作。

這個工作地點在中國大陸的廣東省惠州市，是國父第二次起義的地方。我每次從台北家裡出發，到機場、搭飛機、轉大巴出境入境、轉小巴，再搭人力車到那邊的住處，得花上七八個小時，但在這樣的往返中，我竟然得到了療癒與重生。隔了一大段距離，我有了大量與自己相處的時間，透過寫字、思考、閱讀，我突然能夠看見並承擔巨大壓力對我造成的正面影響。我告訴自己要從中學習，接下來的人生，仍要繼續直面好玩的挑戰，為自己積累成就感，但要更加收放自如，懂得不被壓力誘發太多負面情緒。

你對「壓力」與「張力」的辨識能力，決定了你的應對能力

我想先提兩個很關鍵的概念，分別是範疇（context）與內容（content）。範疇比較像是一種狀態、境界、環境；內容比較像是一些存在於某種環境中的物件、元素。範疇是土壤，內容是生長於其上的作物；土壤對了，作物才會生長得好。舉例來說，你在沙漠中會看到什麼？大量的沙，有時可能會有綠洲，偶爾經過的旅人或駱駝，但你是不可能看到北極熊的。再舉個例子，當你看到一間會議室裡有投影片、有一群主管在講話、白板上有些討論項目，你會覺得他們在幹麼？看起來像在開會。那些簡報、參與人員、紙筆就是「內容」；若要確認他們是在開會還是在進行學習，其關鍵的差異就在於透過他們的「範疇」去辨識，他們是否帶著學習的企圖心、是否願意對自己的技能成長負起責任。**若沒有先調整自己看待困難挑戰的心境與觀點，就算你知道或學習再多的放鬆方式，都是枉然。**

「壓力」與「張力」就決定了你的範疇。當你認為自己「需要」完成的任務還有很多，你是以壓力的角度出發；當你認為自己「想要」完成的目的尚未達到、還

有很多可以做的事，你是以張力的角度出發。

你需要做的事情可能都差不多，同樣是要進行來來回回的規畫與定案、無數次溝通、不斷試錯、持續追蹤結果，但在整個過程中，你的情緒狀態會截然不同。若你處在「壓力」的範疇，你會覺得有好多的「不得不」、總是在滿足他人對你的要求、永遠在追趕各式各樣加諸你身上的期限；你的情緒通常會是焦慮、抑鬱、無力的。然而，若你是處在「張力」的範疇，你會比較平靜，甚至以欣賞或幽默的眼光面對某些足以令人啞然失笑的事件，你可能相對擁有較高的活力與主導感。

壓力是由外而內的刺激，面對它、處理它、放下它

有一天晚上，一個不算熟的友人打電話來，他說：「老闆給我很大的壓力，客戶總是嫌東嫌西，家人又不支持我的選擇，我覺得自己好像有憂鬱症，快要撐不住了。」然後他開始數算最近日子裡的不如意，以及小時候的不幸福。他說他呼吸不順、睡不好、吃不下、笑不出來，這樣的日子很沒希望感。是什麼樣的壓力，會讓

一個人忍不住對一個不算熟的人傾訴這些不幸？我當然願意給予他一時的陪伴，使他得到短暫的舒緩，但我又能協助他幾次、支持他多久？真正能長期幫助他的，只有他自己。

我講課時，會採用由史丹佛大學神經學教授羅伯．薩波斯基（Robert M. Sapolsk）撰寫的書《壓力：你一輩子都必須面對的問題，解開壓力與生理、精神的糾纏關係》（*Why Zebras Don't Get Ulcers*），作為刺激聽者思考的點，英文書名直譯為「為什麼斑馬不會得胃潰瘍」。以下簡單歸納幾個我覺得很有意思的精華：

- 當你面對外界壓力源，身體卻不能有效啟動壓力反應時，你會有麻煩。
- 當你一再陷入這種壓力反應中，或是在壓力結束後，無法有效地關閉壓力反應，你也會有麻煩，因為這些壓力反應是有殺傷力的。
- 斑馬面對的壓力是生存、食物、水、天敵的威脅。當牠遇到獅子時，第一時間會逃跑，而不是坐在原地糾結該不該逃跑。
- 壓力對斑馬而言，是一種短期的心理過程，當斑馬順利逃亡成功，壓

力反應就會解除，牠可不會繼續回想剛剛逃跑的姿勢是否優美，或者去分析這隻獅子跟上次那隻比起來是不是比較兇猛。

斑馬是一種視覺、聽覺和嗅覺都很敏銳的動物，牠們會依照雨季遷徙，某區的草吃完了，就不假思索地移動到下一區繼續找草；天敵來了，就不假思索地逃跑。而我們人類很奇妙，在真正的威脅來臨之前，會開始沒日沒夜地擔憂；當處在危機中，又不免想東想西；當危機解除後，忍不住又擔心，萬一再來一次該怎麼辦才好。只有人類有足夠的心智會產生龐大的心理壓力，換句話說，也只有人類笨到讓壓力反覆在心中與腦袋裡折磨自己。

當一起突發事件發生時，我們的身體其實被設計為會啟動與調動身體許多資源去面對及處理，例如突然飆高的專注力或腎上腺素。然而，過度使用腎上腺素，會使身體像不停運轉的機器一樣無法休息，長期下來會導致自律神經失調、慢性疲勞、甲狀腺失調等各種症狀，造成免疫系統混亂及失效。

我們無法控制壓力源的到來，但身心是連動的，最基礎的做法，就是縮短壓力對我們造成影響的時間。第一時間面對，以最短時間處理，然後自在放下。進階的做法，則是改變對壓力的看法，就能直接影響身體機能。當然，反過來，維持身體的正常運作，長期下來對心理素質的影響也是正相關的。

張力是由內而外的力量，沒有極限

曾經，一個很有潛力的年輕人問我，他可以做些什麼，讓自己每年調薪一〇％，以達到他規劃的財務目標。我認識這個年輕人的時間雖然不算長，但對於他樂於支持與成就他人，以及其開放、肯做的態度（can-do attitude），有非常大的好感。他想要創業，但在分享創業的想法時，他顯得不安且緊張。我不是一個會盲目鼓勵他人創業的人，特別是毫無工作經驗就創業；我總覺得某些人並沒有想要成功的強烈企圖心，只是想要創業的頭銜或一種經驗。然而，即便這個年輕人目前只是為人打工，卻完全是以創業家精神（entrepreneurship）在運轉，這樣的人格特質，我認為比起許多糊里糊塗就踏上創業道路的人，更適合自己闖闖看。

我對他說：「**不要聚焦在你沒有什麼，而要聚焦在你想創造什麼，以及你擁有什麼。**創業是一群人的事，一個團隊擁有完整的功能即可，你不需要是完人才能創業。」我鼓勵他朝集團內創業的方向努力，並帶著他試算了幾個數字，讓他更能夠想像可能的成果。

他表示自己從沒想過以這個方式去創造財富的路徑，但越想越覺得充滿可能性與動能。他從祈禱工作穩定、公司運作順利，能年年幫自己調薪，轉為興致勃勃地計劃起如何讓更多人知道與需要他想推出的服務，以及如何與公司延續信任關係，發揮相輔相成的作用，而不是完全從零開始。他從思考如何被調薪的壓力情境，轉化為如何為自己創造財富可能性的狀態。

我深受他的燦爛笑容所感動，這也是我很喜歡跟年輕人、新創圈一起合作的原因，我總能感受到非常多動能與希望。很多時候，我以為自己在給予，但最後我從他們身上得到的其實更多。

這世界上的事情分為三種：你可以直接控制的事、你可以間接控制的事、你無法控制的事。把能量放在第三類的人是自討苦吃，因為任憑你想破頭，也無法改變什麼，只是徒增壓力與無力感罷了。**我們的時間如此有限，別為你無法控制的事情花力氣；你不控制自己的思緒、行為、能量，就會反過來被它們控制。**

Part

3

帶人篇

「當你還不是領導者時，成功是使自己成長。
當你成為領導者時，成功是使他人成長。」

——傑克・威爾許（Jack Welch）

組織行為是所有個人行為的綜合呈現，若想轉動組織，朝更好的地方前進，就得先讓每個人都變得更好。然而，人只能被引導，無法被教導。正因為人會抗拒改變，所以只有一個解法，就是讓每個人自己想改變。

比起意識，人的潛意識會更快感受到惡意，並且以我們都不甚了解的速度與方法，啟動自我保護機制。因此，當你的底層想法是要叨念或指責某人，卻試圖以言語包裝，就很容易引發聽者不愉快或不開放的反應。

很多時候，團隊不是不能明白，而是不想明白。有句話說：「大道理都懂，就是小情緒過不去。」這時候沒有別的招數，就是得先站到對方的角度看事情，你才能明白使對方過不去的小聲音是什麼，才有辦法與之對話。

領導者的工作，是要在相信對方的前提下，透過提問與賦能，使對方發揮潛力、累積實力，並且有效協助降低不必要的情緒或資訊干擾。教練課中有個「啊哈」頓悟經驗（aha experience），意思是當人們瞬間得到某個驚喜的感受，或者體悟到某個環節被打通，其所能為自己帶來的動能，遠比被說教幾小時來得深刻且持續。

你的原生家庭＋你的童年經驗＋你的工作經驗＋你的朋友圈＋你的人生事件＝現在的你。你知道要遇到一個跟你擁有完全相同背景的人，是不可能的事嗎？即便是雙胞胎也辦不到。既然如此，何不借力使力，**從你的人生經歷中，淬煉出只有你才具備的獨一無二的領導優勢**，協助你的夥伴在這一段同行路上發光發熱、共榮共贏。

1 如何帶領昨天還是你同事的人

有機會，就上

第一次遇到這種情形時，我二十八歲。

我當時的老闆是個馬來西亞人，他非常、非常聰明，但不是特別會說話（他說話很跳躍，經常第一句話講完就跳到第三句）、業績不是特別好、人緣也不是特別好，但他的團隊都挺他。為什麼呢？因為他很懂團隊裡每個人的強弱項、喜好、脾氣。上層給的壓力，他扛著，從不轉嫁到我們身上；跨部門協調，他處理；大多數時候，他不在乎別人明爭暗鬥或扯他後腿，但動到他的隊員時，他會大翻臉。

有一次，我壓力太大，連續好幾天加班到凌晨一點。撐到案子結束後，我在跟他一對一會談時不停抱怨，負面到不行。他問我是哪些事造成壓力，我每講一件，他就在紙上寫下幾個關於那件事的關鍵字詞，我連續講了好幾件事，他就只是毫不批判地寫下來，然後問：「還有嗎？」我講了好一會兒，一張A4紙都還沒寫滿，就覺得自己越來越冷靜了。說也奇怪，看著紙上那稀稀落落的幾個字詞，好像天大的事情都跟著變小了、變成歷史了、不再對我產生干擾了。但是，我才剛鬧過脾氣，現在是要怎麼收場呢？

他問我：「妳想知道接下來怎麼處理嗎？」

我說：「當然。」

他拿起紙，慢條斯理地撕成碎片，然後對我說：「Now it's gone.」（現在煩惱都沒啦。）幼稚死了！偏偏，我笑了。因為我的情緒被完整地同理與包覆，因為他對我的失控與脆弱沒有批判。

這樣一個令我買單的老闆，突然因為有事得離開台灣。我們那時的團隊裡頭，有長相清麗、口條清晰的前新聞主播，也有具備十足老闆氣勢的海歸派菁英，還有高動能且英日語流利的年輕人。我是那個英文不是最好、講話不是最有邏輯、背景毫不特別的人，但我老闆與他的老闆把我叫進辦公室，問我：「妳願不願意帶這個團隊？」

我問：「如果我不接，會怎麼樣？」

老闆的老闆說：「就把這組的人拆散到各組。」

我幾乎沒有考慮就回答：「我接。」雖然有點衝動，但再來一次，我還是會給出相同答案。我們組這麼棒，我才不要被瓦解，彷彿沒人要一樣，被領養、寄養或棄養。我的想法很單純，我要讓公司知道老闆把我們帶得很好、我們的基礎很穩，而且，你們都敢讓我做了，我有什麼好不敢嘗試的呢？我對自己還是有點信心的，我認為這件事應該不至於難倒我。

然而，我果然是太天真了。在這之前，雖然我已經帶過人，但都是我招聘進來的人，就像小雞認母雞一樣，帶起來輕鬆愉快。這次情境不同，我們昨天還是一起吃午飯、一起罵老闆、一起抱怨業務量太繁重、一起嫌棄公司系統太難用的人。現在，我突然變成「資方」的人了，我突然得理解「公司有公司的難為之處」，我突然得轉身變成「要求交業績報告的人」，我要如何不惶恐、不擔憂？而且，前任很爛也就算了，偏偏我的老闆做得那麼好；要不給自己壓力，簡直是不可能的事。

以結果來看，我做得應該還可以，因為日後我不但成了台灣地區的總經理，團隊成員也在開枝散葉到其他公司後，引薦我做他們新公司的組織發展的案子；他們認為我的經驗、特質與能力，可以協助他們的新團隊。

我是怎麼做到的？雖然距離當時的經驗已經很多年了，但在後來的顧問與教練生涯中，我有幸接觸並協助許多遇到相同情境的人突破這一關。在此綜合我自己與他們的心法和做法，整理出來供各位參考。

㈠ 向前任取經

你之所以被放在這個位置，表示你是被肯定的，也許是你的專業技能有過人之處、也許是你的工作態度值得學習、也許是你懂得把握表現的機會、也許是你很會協作與溝通、也許是你有辦法呈現穩定績效……。

即便你不是最佳解，也絕對是最適解，你一定要相信這個基礎概念：**此時此**

刻，你就是高層主管心中那張最合適的牌。

不要再自我懷疑了，因為你沒空想這些；你要盡可能把能量聚焦到該如何讓自己盡快熟悉全新的職責。最快速且有效的方法，就是詢問之前在這個位置上的人：在帶領他／她時，如何與他／她互動最有效？在提出建議或批評時，有沒有什麼需要留意的地雷區？畢竟，前任主管帶領這個團隊比你久，一定有些過來人的經驗談。當然，人與人互動的化學反應不同，你也不需被資訊綁架，但有些資訊先問起來放著，有用就當提醒，沒用則當養分，沒什麼好損失的，就怕你不敢或不懂得問。

(二) 看開

你在學生時期有沒有很要好的朋友，做什麼事都在一塊兒——一起找地方混過課與課的空堂時間、一起衝阿里山只為看幾秒鐘的日出、一起唱歌或喝酒度過失戀，手機裡都是這夥人亂七八糟、不宜外流的照片。但是，畢業後就冷了，變成臉書或 Instagram 的網友，在線上有一搭沒一搭地互動著。你有時覺得有點可惜、感傷，但也看得很開，接受「這就是人生」；你們曾經擁有並共創一些美好，足矣。

曾經很要好的前同事，我覺得就是同樣的存在。你扭扭捏捏，他們自然尷尷尬尬。你對新的角色越快坦然，他們就能越快接受這件事，並演化出與你的相處之道。我的意思是指，不是只有你得努力適應變化，他們也有自己需要調整的地方。能成熟看待並回應彼此新關係的，很好；不能的，也罷，就往前走吧。

(三) 保持一點距離

有些人升上主管後，聽到前同事說一句「換了位置，換了腦袋」，理智線就斷掉了，甚至試圖證明「我還是我，我沒有變！」你沒變才是問題。外在環境不同、挑戰不同、角色不同、資源不同，你如何能做到以不變應萬變？

我的建議是，拉出一點距離，不見得是壞事，因為你的確會開始無法完整透露某些事。你甚至得做出一些困難的決定，例如在某些不得不的情境下，資遣一定比例的成員，這些都是領導角色的必要之惡。太黏膩、太親近的關係，反而會讓你在處理某些議題與對話時，經歷加倍的情緒折磨。

你之所以在你的位置上，一定是最好的安排。

你的下一步挑戰，是使組織裡有更多人能夠學習並擁有你所會的技能，進而擴大你的影響力。

2 如何帶領地獄來的訪客——有些人的到來是功課

貴人不見得會以你期待或喜歡的樣貌出現

我帶人的跨度從十九歲到六十二歲，權責範圍最多涵蓋到十四國，職場上能遇見的狗屁倒灶的事，真是多到不勝枚舉，還跨種族、跨語言、跨國界。坦白說，台灣人真的沒有那麼差、那麼難帶，不要再嫌棄你的團隊了。把那些難搞、難纏的成員，都當作地獄來的訪客吧；他們的到訪，是為了給你一些學習、體悟、提醒。

貴人不見得會以我們期待或喜歡的樣貌出現，這些人，不是好人也不是壞人，是貴人；他們都是為了使我們成為更好的自己所做的準備。當你因為難搞成員而出現負面情緒時，以下三種觀點，也許能使你在當下或短期的情緒狀態中有所轉化。

有些人的出現是禮物

有一次，我跟一個年紀稍大一些的外籍團隊成員出去拜訪客戶，結束後，在我們釐清會議中的跟進項目時，我順道提供了一些機會教育，將我對他的業務技巧觀察回饋給他。其中一項是他與客戶握手的力道不太對，我建議他不能只是將手伸出去、軟綿綿地放在對方手裡，要有點力道與精神，但也不能太過用力緊握對方的手、讓對方不舒服。我們在現場還試握了幾次，以確保他知道我在說什麼。

他當下沒說什麼，我還沾沾自喜，覺得自己真是會把握時間進行機會教育。沒想到，過沒多久，總部的人資跟我約談，說我被自己的組員客訴了，因為我「不夠尊重他」，他的宗教信仰其實不允許他與家人以外的異性有肢體接觸，而他已經為了工作盡量配合，但我竟然沒看見他的努力，還進行批評。

對於文化的差異不夠敏感細膩，而使人感到不受尊重，絕對是不好的。因此，向來大剌剌的我，認認真真地做了功課，直接或間接去問了一波，蒐集到一些「眉角」，例如日本人通常會怎麼做、白人在乎的是什麼、與香港人怎麼溝通最有效……這些準備，使我日後帶領超過十個國籍以上的團隊成員時頗有信心，也不至於出現擦槍走火的白目行為，甚至能夠協助許多其他同樣有多國籍領導需求的人，這都要感謝當初那個始料未及的客訴為我帶來的禮物。

有些人的到來是功課

我曾帶過一位團隊成員，為人聰明風趣，個人魅力極強，儀表與談吐都非常好。你跟他對話時，他會很專注地看著你，彷彿跟你對話是全世界最重要的事，因此，他很有客戶緣，同事也都很喜歡他。

但是，他人生的意外很多，一週五個工作天，他會遲到四天：

週一跟人發生意外擦撞，原因是他在等紅燈時，對方不知為何撞過來；

週二家裡水管突然破裂，全家的傢俱用品都泡在水裡，他得緊急處理；

週三手機死當，但手機就是鬧鐘，所以睡過頭；

週四老婆發瘋拿剪刀剪碎他所有的衣服，他當下只能安撫她，以免發生更大的悲劇……

這些理由，讓週五發生什麼已經不再重要，總之，他的生活比「無巧不成書」還巧。我是相信他的，也打從心底覺得他真慘。那時小組開會也免不了常常要「處理」他，大家提出各式各樣的建議，例如用手機設定五個鬧鈴；買五個鬧鐘放很遠、要起床才能按掉；大家輪班叫他起床……但是，難道他不知道這些做法嗎？怎麼可能！

他的存在，對於我的領導力而言，是個極大的挑戰。請他走人，當然是最直接簡單的舉措，但我對於他在客戶面前的存在感、他在趕急件時的全力以赴、他與同事互動的成熟度，都難以割捨。因此，在這段糾結期中，我的信譽開始受到影響，旁人開始質疑我的領導與決策能力——他成了我的夢魘。

我是個「朋友就是朋友、同事就是同事」的人，在同事還沒變成朋友之前，我認為人與人之間就應該有個界線，不需特別去理解或觸碰對方深層的信念與價值觀，因為我也不希望他人對我的底層信念指指點點。

然而，這樣拖下去不是辦法，我也意識到，光是處理他冰山上的行為，其實無法改變任何事；我得去觸碰我不想觸碰的冰山下的部分。我拉他進會議室，真誠分享我的困擾，並且不帶著批判或其他負面情緒、好好地聽他說話，也不急著給建議。然後，我總算聽出來了，他其實有著「不管我幾點到，都會做好分內的事，該達到的目標會達到，該交的報告會交，而且又沒耽擱到任何人，我不認為我這樣是不負責任」的觀點。於是，我試著鬆動他對「負責任」的定義，也試圖調整他的不同信念與價值觀的比例，最終得到了他的理解和共識，使他日後的行為呈現也變得不同。

有些人是我們的心魔

我知道自己很抗拒跟情緒化的人互動。我可以接受人是有情緒的，但我無法跟情緒化的人合作。這兩種人的差別是，有意識到自己的情緒，或是無意識地被情緒主宰了意識與行為。

我有個團隊夥伴，她是非常需要他人肯定、非常害怕衝突、非常纖細敏感的人，我經常必須處理旁人言者無心、她卻聽者有意的情緒化反應。日子久了，我覺得我的能量耗損很多，對她也越來越不耐煩，而她越感受到我的不耐煩，就越加陷入患得患失的狀態，我對她的眼淚更是越來越無感。

然而，其實我知道自己抗拒的不是她，而是我對於情緒化的無能為力感：我不知道要如何不透過理性的邏輯條理去有效地說服一個人。但是，難道我始終只能領導那一半能被理性訴求所說服的人嗎？對於偏重感性交流的人，我只能束手就擒嗎？隨著年紀漸長、職務權責漸大，我開始明白能量情緒的流動，遠比數據資訊來得有效。

要克服心魔，得有動機。一般人接觸到高溫，直覺的反應是縮手，除非你有想要達到的目標，才會願意忍受過程的辛苦。例如，練習鐵沙掌的人，是因為想練成這項武功，才一次又一次將手伸進鐵沙裡，直至掌部堅硬如鐵，能夠開磚裂石。我認清在帶領團隊的這條路上，只想與理性邏輯的人互動是不切實際的，即便我自己的團隊只找這樣的夥伴，但跨部門同事總不可能只有一百零一種人，我最終還是得找到與情緒較多的人有效互動的方式。

於是，我很刻意且用力地練習同理心，不從我的角度去看對方的情緒，而是思考並看見隱藏在對方情緒背後的需求是什麼。我真正要花時間去面對並處理的，是當對方與我對事情的反應或優先順序不同時，我必須先看見並滿足對方的需要與想要，然後，對方才會願意去滿足我的需要與想要；「耐性」就是鍛鍊同理心的附加產物。

這些成員其實不是我們的挑戰，我們自己的信念與慣性才是最大的功課。**老天爺是要透過這個過程讓我們看見侷限，進而擴大自己的彈性與可能性。**

3 如何帶領比你資深的人

我剛當上主管時，團隊中有個成員，她不只資深，外貌也霸氣十足。出外聚餐時，服務員會把帳單遞給她，而不是我，因為她看起來比我更有老闆的氣勢。有一次坐計程車時，我跟她談論一個專案，因為不滿意她的進度，語氣中帶著一點責難，計程車司機聽到後，竟然讚美這個資深員工說：「妳脾氣真好，屬下這樣跟妳講話，妳都不會生氣。」然後對我說，要我多珍惜這種主管，搞得我們倆人莫名尷尬。

帶領年紀輕的人，只要講他們聽得懂的語言，與他們的興趣多多連結，願意溝通與真誠分享，投其所好，就不難使他們成為好夥伴或好戰力。但是，年紀大的人不一樣，（他們認為）他們吃過的鹽比我們吃過的米飯還多，即便他們得向你報告，但不時還是會有意無意地顯露出「你這傢伙懂什麼」的神情。

一開始，為了展現威嚴並建立「一切在我掌握之中」（I'm in control）的形象，我會刻意擺點架子，還燙了頭髮，試圖讓自己看起來成熟些；現在想來覺得有點可笑，但我當初的確就是經歷過這麼幼稚又不踏實的心情。一想到他們參與過那些我沒機會參與的戰役、知道跟誰喬資源最有效、許多人會賣他們面子，我就會覺得自己到底憑什麼當他們的主管。

後來，我發現不只自己，許多我協助的對象也曾經或正在經歷這樣的困擾。例如，我教練的一些新創公司裡年輕的技術長（CTO）、產品長（CPO）、資訊長（CIO），他們會擔心自己實力不夠，無法帶領團隊。因為寫程式這種事很現實，每隔一段時間，技術語言就不斷翻新，當成員中有非常厲害的前輩工程師，或者團隊中有人負責過規模更大的開發案時，就會讓這些年輕主管感到自我懷疑、徬徨不安，甚至想退回只帶領小團隊完成小專案就好了。

這些資深團隊成員對主管造成的困擾，短則數月，長則數年；有人順利摸索出一些方式，有人則受挫到再也不想擔任主管的角色。因此，我整理出一些我與許多敬重的領導者訪談而來的有效經驗，希望能提供一些靈感作為參考。以下列出的方式不見得能套用在所有的情境與對象上，但至少可以分享一些以不同角度切入的方式，去思考主管與資深夥伴的互動關係，我稱之為「資深成員互動矩陣」（為使讀者方便閱讀，以下論及的資深同事以「他」，代表他、她或他們）。

㈠他有意願坐你的位置，但沒能力

如果他比你更有資格擔任你的角色，那是輪不到你的，你之所以是他的主管，是有原因的。這樣的資深同事，若是配合度高、開放度夠，當你拿出實力來，讓他看見、甚至學習，就有機會相安無事，因為他能真切感受到你與他在工作態度或專業技能上的差距。

但若遇到沒能力、配合度差，老是把你當作假想敵的，我的建議是：「管得動就留，管不動就請走。」居心叵測的「地下」總經理，可能很會察言觀色，運用小伎倆弄些風波；你不是不能，而是不該浪費過多時間去處理這樣的干擾。你要書面化並量化他的具體任務與目標期待值，盡量就事論事，不需隨著他的情緒或刁難起舞。

㈡他有能力坐你的位置，但沒意願

這應該算是四象限中比較好溝通的一種人，他因為不同的職涯或人生考量，選擇不擔任你的職位。邏輯上來說，他明白你的職務所需承擔的，大於他想付出的代價，因此能夠捨棄相對應的光環與好處。

我的建議是：「打好關係。」有些人會大街罵人、小巷道歉，遇到事情進展不夠滿意，不管現場有誰，就忍不住破口大罵、不吐不快。之後情緒一過，覺得自己有點失控，就把資深同事叫來摸摸頭，說聲不好意思，以為這樣就會雨過天晴、小事化無。但是，你情緒化，難看的不是他人，而是自己。許多時候，我們忍不住說出口的話，是真的對事情推進有幫助、對於對方有幫助，抑或只是自己的情緒宣洩？別說資深同事，就算是年輕後輩，主管也該懂得拿捏分寸。為何團隊成員就活該承受你的情緒化？不給人留餘地，就是不為自己創造彈性。

㈢ 他有能力也有意願坐你的位置，但沒機會

這種人要麼讓你上天堂，要麼讓你下地獄。他一定有讓高層不夠信任的原因，所以才由你來擔任他的主管。不論他是否曾爭取擔任你的職位，都有可能在你接手後，有意無意地想掂掂你的斤兩，因為他必須讓自己服氣，才過得了自己的情緒。他甚至可能擁有非正式的影響力，不必直接扛責任，卻能夠帶動或扭轉風向。

我的建議是：「示好，但不用討好。」真誠且單刀直入地溝通，說你需要他的協助，他就會感受到你把他當一回事。人必自重，而後人重之，若他真的是聰明人，就會懂得與你一起跳探戈，在一進一退間，共創美好的舞步，成為你最得力的左右手。若他能謙虛或靜下心來，下一次的升遷也必然有他的舞台。

㈣ 他沒能力也沒意願坐你的位置

面對這樣的資深同事，其實我認為是最簡單也最困難的，我的提醒是：「留意別造成劣幣驅逐良幣。」如果他能持續跟上組織需求、不掉隊，就會一直保有他的位置。但若他持續讓自己處於一種「食之無味，棄之可惜」的狀態，其實是在浪費

你被賦予的有限資源，甚至讓具備企圖心或能力的同事認定這就是你的看法與標準，反而讓你陷入得不償失的窘境。

該進時進，該退時退

很多人問過我的領導理念是什麼，我的回答是：「我想成為像水一樣的領導者。」

我認為領導就像蓋房子，需要鋼筋、水泥，才能把房子蓋起來。這些素材的特質與功能都極為不同，也都有其難以跟其他素材相容的屬性，但你就是需要所有材料才能蓋出房子，而水也是使這些材料能緊密相連的元素。然而，當房子蓋好，水一定得退，地板和牆壁才能真正乾涸，鋼筋、水泥與房子就能成就它們自己的空間。

我喜歡追求這種若有若無的存在，因為我清楚知道自己可以貢獻或互補的部分，該進時進，該退時退。**資深夥伴其實就是夥伴**，懂得真誠尊重、以禮相待、互助成長，就能與之和平相處，共創一段精彩。

4 如何吸引A咖——以願景圖引發能量

想跟A咖共事，你得先成為A咖

有句話說：「你看不懂你不懂的。」這句話有點殘酷，但事實就是這樣，若你不夠好，很難有夠好的人願意叫你一聲老闆，而且A咖可不是你走在路上就會遇到的人，A咖是需要被尋找與追求的。

傑克．威爾許是我崇敬的企業領袖之一，他擔任奇異公司（General Electric）執行長近二十年，期間的公司營收成長五倍，市值成長三十倍。他在事業領導上的成就無庸置疑，但我最受他所啟發的，是他對於系統性辨識與發展組織人才方面的重視。他提出的「活力曲線」（vitality curve）與「領導力4E」（高度幹勁〔Energy〕、激勵他人的能力〔Energize〕、制定艱難決策的決斷力〔Edge〕、貫徹執行的能力〔Execution〕），對於我的領導有著重要的啟蒙作用。我甚至曾於二〇一一年飛到香港去聽取他的實戰經驗分享，那時他雖然年紀已經很大，但雙眼依然炯炯有神。

他曾用過一個比喻，說明主管最重要的任務之一，就是想方設法找到擁有最佳打擊率的人，因為他們具備高度自律性與榮譽心，會自我要求，也會不斷練習以維持最佳表現。因此，威爾許說他會花上至少一半的時間，為各個事業體找到最佳打擊手。誰不想要最佳打擊手？但你花了多少精神在尋覓最佳打擊手呢？你能夠成功聘用最佳打擊手的比例有多高？若你沒有投資足夠時間去組成你的球隊，就不要期待你能跟一群A咖打比賽。

倘若你真的有幸遇到A咖好手，對方也有意願追隨你，那麼恭喜你。但同時請你留意一件事，所謂的最佳打擊率，也不過是三至四成，意思是有超過一半的時間，即便是好手也會揮棒落空。對方會期待你能夠引發他的持續動能，指出他的盲點，使他締造出更佳表現。**你最好確認自己也是領導群中的A咖，因為他們時時刻刻都在秤你的斤兩。**

我有個朋友曾擔任過總經理，後來加入一間公司，擔任人資長。我問他為何願意屈就，他說恰恰相反，自己戰戰兢兢，深怕跟不上要求、拖累團隊節奏。朋友是被新公司的老闆擘劃的願景所感召，他說他不怕把手弄髒，也有足夠的戰功可證明他是能打勝仗的人，但是，打仗過程中跟什麼樣的人一起看見什麼樣的風景，是他越來越在乎的事。

一般程度的難題，能吸引一般程度的人才去解決；難度破表的挑戰，則能匯聚各路好手，除了學習增長視野外，路途上的碰撞與火花，更是可遇不可求的機緣。

他說，他離職的前公司人才濟濟，多的是常春藤名校畢業，或是年紀輕輕就已創過業，或者曾位居高位的同事。然而，他一直不能習慣的，是前同事骨子裡總有種覺得自己高人一等的「菁英」感。

他現在加入的新公司，人數不多，卻臥虎藏龍。有大學肄業卻能寫出股票交易系統架構的操盤手，有國外名校畢業卻能為了一塊錢的差異、查帳一整夜的財務長，有哈佛畢業卻張羅著所有新夥伴生活起居的行銷長。最重要的是，他們都很有自信但謙虛，都很有能力，但也很懂得尊重人與人之間的差異。

他好歹也經過多年職場和人生的歷練，深深明白能與這些友善又實際的高手過招有多麼難得。可以想見，我的朋友不會輕易對其他公司的挖角動心。我聽到這兒，也明白為何他能與這群人一起走——因為他也是同一類人，一身好本領卻不自以為是，仍抱持著人外有人的謙虛心態。

以願景圖引發並持續驅動A咖的能量

A咖之所以是A咖，不只是因為他們具備某些專精能力，更難能可貴的是他們的心理素質極強，你無須時時刻刻、小心翼翼地捧著他們的自尊；他們自己能調適自己的心理狀態，以維持相對穩定的產出。

然而，這不代表他們不會有動能下降的時刻，這種時候，就是身為主管的你可以或需要做些什麼的時候。我要介紹的工具是「願景圖」，這不是個新鮮的概念，很多人都聽過，但實際上真正做到的人一定不多。

若要凝聚大夥兒投入共同目的，靠的是激發能量，你要懂得**以能量引發能量**，而「願景圖」就是一個很容易引發與驅動能量的方法。很多人不以為然，因為他們已經靠著邏輯思考、謀略分析的實力，一步步爬到高位；他們崇尚理性，視感性如糞土。這實在是對感性的無知，所造成的誤判與誤用。懂得左右腦同時開工，才不浪費我們身而為人的優勢。

你是個有願景的人嗎？我不是，我的天生性格與原生家庭背景，使我非常實事求是，若某些資訊沒有明顯證據或有力邏輯可支撐，就很難真正被我放到評估與判斷的思考天秤上。針對現況提供意見或解法，我從前不認為這有什麼不對。

後來，我漸漸發現，只看眼前、只管事實，背後其實隱藏著我不敢相信別人、不敢對未來有所盼望的信念。我太害怕自己會失望，所以乾脆不要有期望。慶幸的是，我有機會因為一連串的學習，體驗到懷抱願景對我的人生所造成的影響，而這樣的能量是如此強大又美好，使我樂此不疲，翻轉成為願景的信徒與實踐者。也正因為這個翻轉，使我能更有效地做事，帶領越來越大的團隊，承擔越來越重要的任務。

組織不就是個**依賴願景而生**的地方嗎？從創辦人開始，不正是因為一個小小的火苗，催生了一個改變社會或世界的可能性嗎？而在其中擔任主管角色的你，難道不是因為信仰那樣的未來，才決定攜手共進的嗎？如果你不是真的有所認同，你所驅動的那些任務，就真的只是任務，你與團隊的關係，就只是為了達成任務；你將無法體會並看見任務背後的意義。

NLP（神經語言程式學）裡有個技巧，叫做「心錨」，是一種改變內心狀態的行為技術，原理是運用條件反射來鞏固或深化某些信念。心錨可分為三類：聽覺心錨、視覺心錨、觸覺心錨。不論哪一種，都是透過重複操作過程，在腦中建立起某個想法與該心錨的連結通道，等到看見、聽見或感受到某個特定行為符號，就能聯想起那個重要的意識。「願景圖」就是運用視覺心錨的絕佳例子。

我教練過一個對象，她是一流學府畢業的高材生，管理的是法務與品保單位。她思慮清晰、辯才無礙、實事求是、做什麼像什麼，年紀雖輕，但她的好勝心與能力，使得她在一間約三百人的公司中不斷獲得破例升遷。她在教練課時提出的鍛鍊目標是「如何提升自己的有效性」，因為她總覺得想做的事太多，但時間太少。她沒看過的報告，就不放心交出去，然而，一般人的邏輯與細膩的程度，根本很難搆得上她的標準，長久下來，她變得沒有個人生活、沒有朋友，也越來越難有成就感。我認為比起教練過程，她更希望我直接以講師或顧問的方式，給她越多工具越好，讓她馬上上手使用。坦白說，初期很難帶領她進行冰山下的反思覺察。

有一天，我試著讓她想像她五十歲時的畫面。我問她：「如果妳活出妳真正想要的人生與工作狀態，那會是什麼樣子？」她陷入沉默，我靜靜等著，允許空白。過了好一會兒，她的嘴角微微上揚，我知道畫面已經出現了，便問：「妳現在看到什麼？」

她說：「我在一個光線很充足的地方，靠在我的辦公室門邊，微笑地看著我的團隊。」

我繼續問：「有什麼聲音或有人在講話嗎？」

她說：「沒有，只有稀稀疏疏地敲打鍵盤的聲音，每個人都井然有序地做著自己的事，沒有人急著需要我解決什麼。」

我問：「對於這樣的畫面，妳感覺如何？」

她說：「我覺得很舒服。很奇怪，我沒有與任何人交談，但我知道我們有很好的默契，我感受到很踏實的信任與尊重。」

我沒有急著跳過這部分，而是讓她沉浸在畫面裡一會兒，再問她：「為了實現這幅畫面，妳覺得有什麼需要調整嗎？」

她的眼神突然變得有點迷惘，若有所思地說：「所以我該思考的是……如何做得更少，而不是做得更多?!」這一刻，我知道她的底層有些東西鬆動了。我順勢要求她將這個畫面畫出來，或是從網路上找到最貼近的圖片，置放在她隨處可見的地方，**讓這個美好的感覺和畫面隨時與潛意識起化學反應**。在後來的幾次教練課中，她自己不時就會提起這個畫面，也開始懂得透過與此畫面的連結，去反推出她應該繼續調整什麼，才能使心目中的那個狀態發生。

若要運用到組織身上，「願景圖」也是非常好用的工具，它能啟動另一種不是邏輯能引發的能量路徑。

我曾受邀到一家生產塑膠用品的公司講課，他們因為環保的限塑趨勢，在成長上遇到極大瓶頸，雖然沒有迫在眉睫的生存問題，但急需轉型、找到突破口。某天課程的最後一個環節，我請他們畫出公司十年後的樣貌。一群不擅言詞的資深員工，包含廠長、研發主管、技術主管，在財會主管的拋磚引玉下，每個人都在海報紙上描繪出自己的手，並在掌心處簽上名字，誕生了一個很有共感的畫面。總經理很感動，她是二代接班人，其實心中有著許多自我懷疑，因為她不確定這些跟著她父母幾十年的人，是否能同樣挺她。但看到這張海報時，她知道大家是願意跟她一起面對與共創未來的，她的信心和信任感在無語的交流中達到最高點。後來，她將這張海報張貼於大會議室中，時時激勵團隊，也提醒自己，她並不是自己一個人在面對這個難題。

把願景圖畫出來吧！**讓願景圖成為迷霧中的一盞明燈，在我們還沒到達應許之地之前，為大夥兒指引一段路。**

A咖不缺工作，缺舞台與夥伴

此處提到的舞台，不一定是指難以實現的任務或挑戰，也是足以承載精彩演出的空間場域。很多主管是超級A咖，個個身懷絕技、舌粲蓮花，但是，若要與一群A咖並肩同行，我建議你要適度地將舞台讓出來，不要太過沉浸於掌聲與光環之中。你的目標不是最佳演員獎，而是最佳導演獎和最佳劇本獎。

架設舞台可不是一件憑感覺的事，需要有大量且專業的背景做支撐。舞台的地基要打多深，才足夠穩固？要如何建構梁柱，才能支撐足夠的表演空間？布景的擺設是否合宜？演出者是否都有需要的道具，才得以恰如其分地演出？即便你有幫手，這些都是應該存在於你腦袋裡、且規劃與演練過千百遍的事項。你應該開始享受整個劇情的精彩推進，而不只是在乎自己的妝容是否完美、戲分是否夠多。

「鮮乳坊」的主要創辦人龔建嘉，符合所有我認識的創辦人的人設——有理念、有衝勁、有感染力；講到自己認同的事情時，辯才無礙、能量爆表。他是獸醫，每天穿梭在充滿屎味和土味的不同牧場間，經常需要將整隻手伸進乳牛的肛門裡做直腸觸診。他深深明白所有乳品得來不易，但每天卻有大量的優質牛乳因為沒被大廠收購而報廢。他感到不甘心，以一句「自己的牛奶自己救」，發起群眾募資來支持產地直送的鮮乳，最後募得第一桶金，就這樣開啟了他協助小酪農的事業，引發了白色革命。台灣的新創企業，能撐過五年的比例不到一%，在這個由少數品牌所把持的鮮乳產業裡，他與團隊竟然能以小蝦米的憨膽，挑戰大鯨魚廠商壟斷的局面。

這個舞台，既好玩又具挑戰性。我認為他最聰明的地方在於，他找了另外兩個夥伴一起造夢與圓夢。獸醫阿嘉負責所有跟牛相關的部分。郭哲佑是個超強業務，也是跨界合作推手，與主要夥伴之一全家便利商店聯手推出好幾項精彩的商品和服務專案。林曉瀞是個能幹的資源整合者，掌管後方所有的營運、財務、人事。他們不斷吵架、磨合、執行、再吵架、再磨合、再執行，一起經歷著公司的營收起伏，一起在公司終於賺錢的時候，做出讓夥伴共樂共榮的分紅決定。

慎選自己被什麼樣的人圍繞，是很重要的；特別壞的時刻，人的優點與缺點都會被同步放大。問問自己：誰扛得了壓力、誰沉得住氣、誰能穩定人心、誰讓你想靠近？這幾個人甚至必須比你的伴侶更支持你的信念、更知道你要去哪裡、更懂得如何在你快要撐不下去時自動補位。不要小看有人一起煩惱、一起開心的這件事，夥伴及時的一句「我來！」或是一個「你做得到！」的眼神……這些細細小小的時刻堆疊起來，也就是組織跌跌撞撞的軌跡，也就是人生。

5 如何帶領B咖——成為加分型主管

出類拔萃的佼佼者或扶不起的爛泥，畢竟是人群中的少數，大部分的工作者都是屬於安分沉穩地把範圍內工作盡量做到符合標準的人。身為主管的你，得學習如何帶領一群願意陪你玩的普通人一起達標。

當個「加分型主管」

「加分型主管」有兩層意義，第一層是**能為對方的職涯加分**。你有這個機會成為對方的主管，不論交集的時間多長，都不能只把對方當作達標的機器或工具，請透過你的專長能力、特質信念，使你的成員在某個專業上能有所前進，或是在某些觀念上能有新的突破，這就是主管捨我其誰的任務。

「加分型主管」的第二層意義，是要**刻意去找成員的好**。我自己是加分型主管，意思是在面試或初接觸時，我不會過度幻想對方能夠使我所有的難題迎刃而解，或者一定能夠與團隊融洽相處。因此，隨著互動時間越來越多，當我發現對方一些意料之外的工作態度或行事方法時，常會有喜出望外的感覺，而對方也能收到我字裡行間的欣賞。反之，我遇過一些主管，總是一頭熱地愛上某個只面試了一小時或見過一兩次面的人，就一廂情願地認為對方是救世主，所有難關一定能夠因為對方的加入，從此柳暗花明、光速推進。但事情哪有這麼簡單！新人光是要搞懂錯綜複雜的資訊流，以及不同人的意見重要程度，就已經很不容易了，更別提快速做出貢獻。於是，「扣分型主管」就會開始不滿意，懷疑自己是不是找錯了人，這種嫌棄感，即便你沒說出口，也是會被感受到的，然後，彼此的關係就進入惡性循環。

若你想找缺點，就一定會被你找到，同樣的，你想找優點，也一定能找到。找優點比找缺點要難多了，所以更需要你刻意去做。能力和潛力處於中間值的這七〇%成員，恰恰是組織中最值得被依賴的中堅分子；不能因為他們不是喧嘩或耀眼的一群，就忽視他們對組織的重要性。他們不需要鎂光燈，但當他們盡責地前進時，請看見他們並給予肯定。

把目標說清楚，把落差講明白

請不要再嫌棄你的團隊了，他們當然有所不足，不然又怎麼需要向你報告？當事情未如預期發生，你要先自我定向，把目標再次想清楚，然後再次溝通。**結果不是不會發生，只是「還沒」發生。**目標是一切的開始，也是一切的依歸。

每次檢視進度前，花一分鐘再講一次目標，就能再次聚焦大家的共識，也提醒所有參與者執行手頭上繁雜瑣細的事，是為了成就一個更重要或更長遠的目標。維持提醒的頻率，對於意識層次與潛意識層次都能帶來影響。

許多人都看過一則小故事：美國航太總署（NASA）有四萬多名員工，他們無一不把「十年內將人類送上月球」的目標視為己任，無論是研究軌道的工程師、縫製太空衣的人，或是打掃的清潔工，都能時時刻刻記著這個目標；這絕不只是靠著一年一度喊話就能做到的，而是能夠在方方面面都落實溝通這個目標的重要性。

有了目標，就會有落差。我認為落差本身是個資訊，而資訊是用來協助我們進行分析與決策的。不只領導者，所有團隊成員都應該非常清楚現狀與目標的落差，但現實生活中，很多時候，好像只有領導者在乎或知道這個資訊。

舉例來說，你看過籃球比賽嗎？籃球比賽的精彩，在於每分每秒都可能有意想不到的變化，最好看的莫過於最後幾秒鐘逆轉勝這種奮力一搏的畫面。特別的是，雙方球員每一刻都在奔跑、防守對應的球員、試圖得分，但場上的每個球員，無論是負責哪個位置，都能完全掌握目前分數與所剩時間，並仰賴彼此的默契去執行致勝的策略；每個人在最關鍵的時刻都能扮演好自己該扮演的角色。我一直很好奇，在那麼緊張的情況下，他們到底是如何做到的？這是我認為當所有人都在乎且知道與目標的落差資訊時，就能夠凝聚力量與共識、發揮最佳水準的一個好例證。

發現落差後，就需要重新建立對行動流程與方法的共識。我們對於調整做法的心態，其實可以更健康一些，就像做實驗一樣，有了最新的數據，就能調整配方。此處的重點是，人是有慣性與惰性的，過程中要記得持續重新建立與溝通共識，不要把一切視為理所當然。

做好「防呆」設計，建立節奏器

身為執行者，最重要的職責是確實執行範圍內的每一個步驟；身為帶人主管，最重要的職責，則是確保成員知道自己要執行範圍內的每一個步驟。如果你希望看到完整的執行，拜託不要太天真，而是盡可能將你需要成員做的事寫出來；只要做到「防呆」（idiot-proof）設計，之後無論人員如何異動，任何一個新手都能因為看得懂流程，對所要執行的任務有著七、八成的認識。

我參訪過台灣某間餐飲學校，那個廚房的防呆程度真是令我嘆為觀止，據說很多國外的學校與機構都曾組團來取經。鍋具的擺放角度、食材的儲存空間、抹布的清洗方式、人員的動線空間、進來的第一個人與出去的最後一個人所要做的事，都清清楚楚地張貼在顯目適當的位置。這樣的配套，除了使學習者很容易上手之外，對管理者來說也是極佳工具；當主管對於偏離軌道的行為或項目一目了然，自然而然就會提升管理效率。

有了防呆機制之後，還要建立節奏器。大自然有四季更迭，心臟有跳動頻率，**有節奏，就不容易亂**。身為主管，為了確保最佳成果，也要懂得依據最新的資源情況，調整前進的節奏，進行滾動式調整。就像跑全程馬拉松的人，一定都知道配速的重要性，掌握體感並搭配適合的配速，才能讓你完賽。

我是個有節奏的工作者，除了讓自己維持紀律與動能外，也讓身旁共事的人好辦事。然而，一直到擔任富錦樹文創集團執行長時，我才對於節奏器有了更深一層的體悟與學習。那時公司擴張過快，我加入的時候，已經處於不知道今天的貨款或下個月的薪資在哪裡的情況。每天睜開眼第一件事或睡前最後一件事，想的都是錢在哪裡：得持續訂奶、訂豆、訂菜、訂肉，店舖才能繼續營業；跨界合作的專案前期成本已經投入；銀行貸款的利息絕不能拖……所有事情都很急，但公司前進的速度，完全得配合我們找到錢的速度，錢進來多少、什麼時候進來，直接決定所有任務的規模與優先順序。

那時公司無法在一年或一季的初始就訂出完美的節奏器，例如幾號是固定付款日、開店幾天前必須完成規畫……完全得視每天的資源與資訊狀況，來決定每天最重要的幾件事。還好那時團隊很給力，財務與營運團隊都把彈性調整到最大，每天校準速度，以同樣的節奏感互相搭配，資源足夠時就加速固樁布局，資源不足時就調養體質，能完成什麼就完成什麼。由於當時的財務狀況聘請不了太多大神級的人，導致每個人的精神與體力都承擔著數倍壓力。我知道團隊會有怨言，因為連我自己都經常忍不住累到暴走，但大家就是用一種邊抱怨邊前進的狀態挺著、前進著。這段時間帶給我極大的養分，使我後來能以寬容與有智慧的狀態面對許多疑難雜症，因為跟現金流不足的身心痛苦相比，很多情境的壓力感都不及那段時期的百分之一。

厲害的人達標時，有時跟你這個主管是沒什麼關係的，因為他們自己已經具備出眾的才能。**真正強大的領導者，是能讓一群人因為你的領導力，使他們去到更好的地方。**

6 如何面對C咖——別讓自己的缺點放大成為組織的缺點

先檢視自己是否已做了所有應該與可以做的

你花了多少力氣使你的團隊變好？

試想一下，若你要去一個五天四夜的旅行，你會花多少時間準備？

- 你會先看看行事曆，確認自己什麼時候有空；
- 然後，你會看看機票比價網站，先把機位搞定；

- **接著，你會瀏覽飯店住宿，看看是否有優質旅店；**
- **等等！你可能會想先規劃好行程，再找符合路線的旅店；**
- **你也會搜尋必玩、必買的清單，或是詢問去過的朋友，聽聽建議。**

上述步驟，你應該會重複個幾次，至少會花掉你好幾天的時間。如果你要進行超過一個月的旅行，那更不是開玩笑的，為了達到你放鬆或學習或圓夢的目的，你會花費更多倍的時間去蒐集資料、向朋友打聽、做足功課、力求盡善盡美，以免破壞你的行程體驗，浪費你的寶貴資源。當你抱著興奮的心情上路，即便旅途中發生與預期不符的狀況，你也會認為是難得的體驗，並且盡量想辦法不被意外插曲影響你的目的，你知道這一切都只是過程。

有趣的是，你的團隊成員與你相處的時間，可不只五天或一個月，但你是否懷抱著想要與他們共創一趟美好旅程的念頭？你需要與他們共同達標的期待值十分清晰，但你花在了解與發展他們，使你們的工作狀態更有效的時間有多少？你因為成員跟不上速度、無法清楚表達自身想法，就意興闌珊、甚至想放棄的念頭有幾次？

我沒有天真到以為團隊裡不會出現C咖，如果有得選擇，最好一開始就不要選C咖進入團隊，免得要管理他或處理她。但有時C咖就是出現了，可能是：

- **你承繼了某些現有團隊成員；**
- **你面試時不知道這個人的表現竟然跟預期差這麼多；**
- **團隊與組織目標越來越複雜且困難，有人就是會跟不上。**

不論原因為何，難免會遇到需要處理低績效者的情況，這時可以使用「績效改善計畫」（Performance Improvement Plan，簡稱PIP），主要包含的元素有：

- **原因：舉例說明為何對方進入PIP程序；**
- **對策：具體列出三至五項你期待看到對方在議定好的期限內所呈現的行為；**

- **目標：將PIP目標量化呈現；**
- **協助：列出至少三次你會與他進行討論的時間，這個動作很重要，讓對方明白你不只是盲目地期待他會變好，你也會付出一些額外的努力去協助他；**
- **結果：說明若未達到此執行結果，雙方將會進行的舉措。**

有些人問過我，這是否只是預備資遣某個人之前，做做樣子的走形式？我的回答是，若你是做樣子，對方就會知道你只是做樣子；若你是認真想要透過更具體、有系統的方式協助對方過這一關，對方就會收到你的支持。想做死或做活，取決於你的出發點，倘若你真的想資遣對方，根本也無須演這一齣。

別讓自己的缺點放大成為組織的缺點

主事者的必要之惡，是捨我其誰的承擔。

當你做了所有應該與可以做的事，某位成員的表現卻仍不見起色，你就得直球面對這樣的情境。當然，處理掉隊者絕對不是件容易的事，但你不能只想享受身為主管的相關好處，包括鎂光燈與較好的薪酬，而不願意完整承擔該付出的代價，包括更大的責任與某些時刻的不舒服。最要不得的情況是，有些人因為不願意或不擅長面對這種情境，就拖著不處理，最終讓自己的缺點擴大成為了組織的缺點，造成資源的浪費，甚至是劣幣驅逐良幣的狀況。

金融海嘯那一年，我在獵人頭公司工作，那時的社會環境充滿恐慌，各企業要麼大量裁員以立即止血，要麼縮衣節食、以被動等待來期待早日度過寒冬。因此，我們公司的主要服務項目從協助企業找人才，策略性且階段性地轉為協助組織進行裁員瘦身，而我們之所以有生意做，是因為很多領導者不擅長或不喜歡面對這樣的情境。但是，我們所有的顧問群也是人，也有人性本能的抗拒，畢竟很多人面對資遣時情緒波動很大，顧問群要面對這些張力十足的對話，並不是件討喜或輕鬆的事。面對被資遣者帶著憤怒、疑惑、委屈的眼神問「為什麼是我？」的時候，盡可能提供專業建議與一時的慰藉，就是我們的角色。我們該聚焦的，是全力做到比企業裡那些不知所措的主管更合宜的舉措，這就是我們的工作。

黑天鵝事件通常來得又急又猛，沒有這方面經驗的企業，很多都慌了手腳。雖然知道為了企業存活，必須做出不得不的困難決定，但仍糾結於大量的負面情緒，陷於動輒得咎的情境裡。**人與事，都是在逆境裡得好好面對與處理的。**比較為難的是人的部分，建議你試試「救生艇清單」。

教練職涯裡，我輔導過許多創辦人與領導者，去面對或轉化需要請夥伴離開的心境。他們除了與被資遣者同樣不喜歡這樣的過程與決定，還有許多明顯或隱忍的自我鞭笞。協助他們從「我為什麼得承擔這種鳥事」，轉而更快速地聚焦在「我該如何使這個過程順利、甚至有價值」，就是我可以做的事。

我會要求他們列出「救生艇清單」。我請他們設想自己身處在一艘快要下沉的船上，風浪沒有趨緩的跡象，但救生艇只有一艘，若只能有一個人上救生艇，你選誰？若還能有第二個人上救生艇，你選誰？以此類推。

我們當然可以做最好的準備與最壞的打算，但也不能太高估自己，因為災難型事件通常不會太短，而自己也會有能量相對不足的暗黑期。你會想要、也需要跟A

咖同行，因為他們會陪你一起掌控局面，不至於垮掉。現在，不就是最佳時刻去看清楚誰才是值得跟隨或一起打拚的人嗎？

很多主管被情緒綁架，是因為即便他們能預期公司不會只裁一波，但他們對於每次要交出哪些名單都感到天人交戰、痛苦不堪。這時去探究為什麼老天爺不公平、接下來海象有多險峻、暴風雨會持續多久等這些自己沒有控制權的事，是沒有太大意義的。領導者只能盡個人最大的感知去思考：

- **誰具備足夠的能力，在資源有限或不確定的情況下開創出新局？**
- **誰值得或願意承擔大家的期盼？**
- **誰具備足夠的生存勇氣，能逆風前行，不輕言放棄？**

是的，你發現關鍵了嗎？面對不得不的裁員時，我建議你正面表列，而不是負面表列，這樣你會更以「價值」的角度出發，而不過度被情感干擾決策。我並不是說你應該冷血無情，而是除了抱怨天地、怒罵公司之外，最終，身為主管的你，還是得理解並承擔你該扮演的組織責任，你必須成為讓公司活下去的推手之一。

人的問題是沒辦法被「解決」的

又不是黑幫老大要處理掉犯錯的手下，請別以「解決」的概念來面對人的議題。一旦你有「解決」的念頭，人的議題對你而言，就會像突起的釘子，你會一直想要對之敲敲打打，直到釘子被壓進木頭裡，不再礙眼為止。但釘子之所以冒出來，一定是因為某個環節不對了。也許是木頭不同區段的質地不太一樣；也許是你根本拿錯釘子，把原本不相符或不適合使用的釘子，強用到你的項目裡。

使事情前進，跟使人前進，是截然不同的兩件事，需要不同的職能組合。第一個提醒是，在人的相關處理上，除了使用你的腦，還要使用你的心。我年輕時也是犯了「解決」的毛病，跟團隊開週會時，數據一出現在投影幕上，就開始劈里啪啦地分析，要求團隊訂定行動方案，因為我覺得一切道理跟邏輯都清楚又明白，沒什麼好爭論的。然而，工作與結果雖然都在軌道上，但溝通過程需要耗費大量精力，是個雙方都很辛苦的溝通體驗。

後來，我逐漸明白「鑾力誘發」的成果無法持久，就開始練習先把道理放一邊，把「人」放在數字之前。我會花些時間想想，坐在我眼前的這個人在乎什麼、擅長什麼，再用對方較能接受或理解的語言對話。達標過程仍然不容易，但卻大幅降低了辛苦和壓迫感。

每個人都是一顆鑽石，某個人不能在你的團隊裡發光，不代表他不能在別處閃亮，請放手並祝福。

7 認清主管是人不是神

你不需要什麼都懂，才能成為一個好的領導者

職場上多的是喜歡以救世主姿態出現的主管，因為看見自己一出手、事情便能迎刃而解的感覺太過美妙，久而久之，就忘了自己是人不是神，不相信自己有無法處理的難題，不面對自己很累，不正視自己養不出接班梯隊的窘境。

這種現象的底層包含了許多原因，以正面角度來解讀，是良好的負責任心態，使得救世主型主管不閃不避、全力以赴。但過猶不及，也有可能是因為資格感不足或無法信任他人，導致需要透過大量的親力親為去證明自己的重要性。真正強大的

領導者，能勇敢呈現脆弱，這種領導者之所以強大，是因為他們能允許自己不完美，也才能允許他人不完美。

聚餐時，一位朋友分享近況：「我不想變周處。」在座有人沒聽過周處的故事，他便解釋：「有一個名叫周處的年輕人，力氣大、脾氣也大，動不動就出拳相向、使刀動槍，他與山上的猛虎、海裡的大蛟並稱『三害』。後來，他前去為眾人除掉猛虎與大蛟，因為他許久沒出現，村民都歡天喜地認為三害已除。過幾天，周處回來後，得知大家很高興地以為他也死了，這才驚覺自己竟然那麼惹人嫌，於是決定改頭換面，後來甚至當了官。」

我很驚訝也很佩服，因為朋友是已經接班的二代，且他們公司在該領域裡獨占鰲頭，他能夠有這樣的覺察與自省，很不簡單。他說，家族中有些平輩和長輩在公司工作，為了盡量討好或滿足各方，他總無法在第一時間落實決策，但他越來越覺得自己成了流程中的瓶頸，使得資源內耗空轉。因此，他決定重新檢視並簡化流程，調整出能「讓聽得見砲火的人做決定」的機制與環境。

當你認清自己不是神，就會逐步採取對應方針，產生配套措施，然後一次又一次地溝通、調整、再溝通、再調整。

你有多厲害，取決於你有多強大的團隊

我認識一個金融圈的高階專業經理人，在台灣、香港、中國大陸都擔任過中外資企業裡開疆闢土的先鋒部隊，三十幾歲便擔任總經理或董事職務。我問他年紀輕輕就能有如此成績的祕訣，他說：「我的絕招很簡單，就是我有一組很強大的團隊。」

後來，我有機會跟他的團隊聚會，我真的很激賞也很羨慕，他能鎮得住這樣一群菁英。再次請教他箇中原因，他跟我分享的一段話，我至今記憶猶新：「一個人有多厲害，不是看他有多厲害，因為一個厲害的人成不了大事，但一群厲害的人就能做出點事來。旁人看到這麼厲害的人竟然都願意向你報告，便會自動預設立場，認為你必定有過人之處。管理者的格局狀態會在無形中被自然地墊高，你就能完成更難的事。其實只要架設好幾個關鍵點就夠了，不見得只有加倍努力才能成就更大

的局。」他看我似懂非懂，便繼續說：「妳能不能想像，若有好幾個我為妳做事，妳會有多麼輕鬆嗎？」

我那時還沒有這類經驗，但有幸被種下這個觀點的種子，而且有個成功的實證就在眼前。因此，我日後很有信心地如法炮製，竟然也有機會累積事半功倍的經驗。

你不一定得是主角，才能贏

我年輕時，公司有個前輩，連續幾年獲選為集團最佳員工，績效佳、人緣好，公司順理成章地讓她升上主管的位置。但是，幾年過去，她的團隊規模始終在五人上下打轉，空有一身本領，卻一直無法為自己與公司創造出更大的影響範圍。跟她聊了幾次，我發現她的「佼佼者」（top performer）性格及歷史竟然成了她的緊箍咒。

她沒辦法接受自己的表現暫時不如過往，與團隊成員討論案子時，也總是希望他們採取她的做法，因為已經有證明成功的案例，為何要白走無效的道路？她手上的重要客戶都是一點一滴灌溉出來的，所以她不敢放手給資淺的人照顧，否則還不是她得擦屁股。極度在乎績效的她，事必躬親，每場會議都要參加、每封郵件都要看過、每張報價單都要把關。結果就是在領導角色上累得半死，也被嫌得半死，她自己與成員都沒有成就感。而且，身體很誠實，她開始出現圓形禿的壓力性掉髮。

她終於認清，她得找到方式來創造新的高度，不然就算自己一個人每天做足十五個小時，成績也就到極限了；唯有團隊成長，才能真正帶來更多客戶和業績。她開始學會放手，並不是不管事，而是改變創造績效的角度與方式；她也開始學習架設舞台，讓其他人在上面表演，讓成員享有鎂光燈與掌聲，將她的有效性複製到更多人身上。

她萬萬沒有想到的是，他們的精彩並沒有讓她變得不出色，反而有更多需要且想要舞台的人前仆後繼地想加入她的團隊。她總算能夠越做越大，且越做越輕鬆。後來，她帶領的夥伴也拿到集團MVP的獎項，她開心地說：「原來，看到我的夥伴拿獎，遠比我自己拿獎還要開心與驕傲許多！」

你不是神，你也不需要是神。遇到逆境時，你要有意識地縮短自己沉浸在無效自我對話裡的時間，世界並不會因為這件事而崩塌，企業也不會停止轉動。有些人的管理幅度越來越廣，或是能承擔更大的挑戰，也許不完全是因為他們是百年難得一見的英才，只是因為他們更懂得拿捏授權與扛責、拿得起與放得下的微妙平衡罷了。

8 理解部屬是人不是機器

主管的任務，是使他人成為更好的自己

關於帶團隊，我對自己有個期許，不論是有機會延攬到前段班好手，或是與活力曲線中那七〇%的人共事，我都希望在與他們交集的過程裡，能使他們因為我的領導，去到他們需要去的地方，並且因為我的支持與協助，讓他們成為更好的自己。

我認識一個美國常春藤名校畢業的菁英，說得一口流利英語，回台後進入金融產業，肯拚、敢做、戰功顯赫。我曾有機會跟她進行三個月的頻繁互動，因此在過程中發現她把人分為兩種：聰明人跟笨蛋。但是，據我觀察，她歸類為聰明的人，

在她管理約七十人的團隊裡，只有一兩個人。她有個很常掛在嘴邊的猴子論：「發現這個問題很難嗎？猴子都能做到，你要不要做得比猴子好一點？」

不可諱言，她擁有一些很厲害的能力，但我每次聽到她半開玩笑半認真地述說猴子論時，就忍不住為她感到可惜。若她無法修正這個觀點或說法，她的成就高度絕對會被侷限。妳是了不起，但妳又做了哪些有效措施，幫助團隊做出了不起的行為呢？

當你屬於能力較強的那群人，你可以選擇終其一生看不起能力比你差的人，沉浸在「我更優秀」的光環裡；或者，**你可以選擇站到那些人身旁，跟他們一起從他們的角度看向問題與目標，協助他們看到盲點並找到處理的方式，讓他們變成更好的人**。

當你全神貫注地瞄準你對他人不滿意的部分，一定會看見越來越多令你不滿意的證據；反之，當你把焦點轉換到瞄準他人值得發展或讚許的地方，你也絕對會看見越來越多令你滿意的證據。

你在乎夥伴，夥伴也會在乎你

有一位對我來說非常重要的外籍老闆，舉薦了我接管他的職位。雖然我有些管理經驗，但對於帶領一群優秀的業務菁英團隊，還是感到戰戰兢兢。所幸，他叫我別擔心，他會教我一個祕密絕招。在終於要揭曉絕招的那一次交接時，我興奮地拿著筆記，期盼他即將告訴我的精華，然後他寫下：「make people feel good」（使人感覺良好）。

我不禁嘀咕了一聲：「就這樣？你是認真的嗎？」他說，妳可以看書學習很多技法，但這個心法才是關鍵，若妳能把這點做到爐火純青，就能成為一個很好的領導者。他說得那麼認真，於是我也認真地將這個心法種下，讓它萌芽，也才有機會逐漸體會這個心法的強大之處。一切不過就是回到人性去思考罷了，每個人都是在自我感覺強大時表現最佳，客戶也是在感覺舒服的時候最容易成交。這不是一味討好，而是鍛鍊自己去找到方法使他人感覺良好、有自信，進而使他人產生或維持前進的動能。

領導者與夥伴的關係，比較像化學變化，而不是物理反應

化學變化是指不同元素接觸後，因為分子斷裂或重組，轉化為不同產物的過程。物理反應則不涉及分子的重組或破壞，只是某些物理性質改變了。我認為領導者與團隊夥伴之間的關係，應該要像是化學變化：某個人因為融合了你的能量、知識、引導，轉化為一個全新的組成。而不是像物理反應那樣，彼此只是因為某些原因被動地串接在一起，時間過去之後，就像船過水無痕那般拆解開來，彼此依然是兩個毫無關係的個體。**信任就是引發化學反應關鍵的那一步。**

有一家新創公司請我協助他們進行組織再造，公司裡的最高領導群鬥志頑強、決策明快，團隊氛圍也很好。頭幾次去他們那兒開會，電梯中遇到的人在不知道我是何方人物的情況下，都會主動打招呼，這種最後一哩路的小動作，最能顯現公司的文化與員工的滿意度。

與我接洽的是其中一位創辦人和人資部組長，創辦人通常會盡量參與所有討

論，但他有時會被突如其來的經營問題拉走，無法與會，因此，從頭跟到尾的是這位組長。組長的確已經是人資單位的最高負責人，但我一開始還是有點不放心，心想有許多關於短中長期的大小決定，得在過程中拍板決定，人的事又極其複雜，需要考慮許多面向，一個組長真的能代表這個營收近十億的公司說話嗎？

結果，我創造了人生中最愉快的一次輔導經驗，這間公司與這位組長實實在在地體現了授權與扛責的典範。上位者不會因為錯過一兩次討論就不尊重主掌的人，執行層面的人也不會因為職位較低，就一律不敢提出意見，或者不敢爭取自認為正確的程序。他們更不會因為我是顧問就一味聽我的，也不會因為我提出的某些方向無法符合他們的情境，就對我的能力打折扣。過程中既有開放的爭辯，也有彼此的尊重，進度因此超前原先的時程許多。每次顧問會談結束後，我都會感受到會議室內的能量滿溢、快速流動，就像是光波互相串聯那樣滋滋作響。

我看過太多強人主管，因為自己很強、很衝、很願意做，就一直有意識或無意識地不授權，導致團隊一直處於等待狀態，成員不是身體沒在忙，而是腦袋不需要動。久而久之，強人越來越強，但也越來越累，然後又嫌棄團隊跟不上組織的前進速度，或者沒人懂自己的想法，最後陷入一種鬼打牆的輪迴。

然而，我們都聽過「強將手下無弱兵」這句話，造成這種差別的關鍵就在於「信任」。身為主管的你，是否願意先交出你的信任？

人與人的互動很像雞與蛋的關係，很多主管可能覺得：「我不是沒試過，但他們就是沒做出讓我放心的成果啊，我怎麼敢放權？」問題是，試過一次，就不能再試第二次嗎？試過第二次，就不需要再試第三次嗎？人是有感知的，即便你嘴上沒說，但舉止間的不信任感絕對會被團隊感受到。假設你是個能人老闆，要是沒有重大意外，你的事業版圖勢必會逐漸擴大，而你真的認為你能夠持續掌握這麼多細節、涉入這麼多對話？如果答案是「不」，那你什麼時候才要開始鍛鍊你的授權能力？

與其說是能力，不如說是**授權的意願**。很多主管（包括我在內）或多或少都有英雄主義，因為一路以來有太多麻煩事，是因為自己出手後得到緩解或扭轉，這種「捨我其誰」、「我很重要」的感覺非常美好，是會上癮的。因此，當團隊本身能處理好一切事情，不再那麼需要你了，你就會想辦法證明自己的價值，以突顯「我才是老闆！」結果就是一不小心越做越小、越管越細。

一個九十分的人再厲害，也只能發出九十分的光芒；但若你能使一群七十分的人合作無礙，整體就更有機會發出幾百分、甚至幾千分的光亮。

9 引發轉變，而不只是改變

改變是外在的變化，轉變是內在的內化

威廉・布瑞奇（William Bridges）寫的《轉變之書》（*Transitions*），我讀了不下十遍，也買了超過二十本分送給適合的人。我認為關於工作、人生、關係等不同面向的轉變，這本書做出了極佳的釐清與闡述。書中提出四個法則，我愛不釋手，容我列在此處跟還沒有看過這本書的人分享：

- 身處轉變期的你會發現，自己會以新的方式來做舊的事情。
- 每一次轉變，都開始於一次結束。
- 了解自己處理結束的風格，對你有很大的助益；但某部分的你，仍會固執地抗拒去了解。
- 先有結束，才有開始；兩者之間，有一段空蕪的時間。

「改變」只是我們生活外在的變化，例如畢業、搬家等；而「轉變」是內在的內化，是我們為了適應改變而進行的心理調整。舉例來說，一個生了孩子的女性，若在身分認同上沒有轉化為一個母親，她就不會心甘情願地完整承擔一個母親所應負的責任。

當你在個人層次對改變與轉變有所體悟，才能在你所領導的團隊中，創造出你想要看到的轉變。如果你親身經歷過轉變的不容易，就不至於異想天開地認為他人或組織的轉變，是一蹴可幾的事。

改變是結果，轉變是過程

最近教練的三個企業主，公司規模分別是三十二人、五十一人、三百人左右，成立時間都在七年以下。他們不見得是從超級名校畢業，但都非常聰明，在創業路上都是水裡來、火裡去。這些年來，個個練就出一身戰將性格，幾乎能文能武；不論原先是不是技術背景出身或是內向性格，現在都能見招拆招，把自己心中的願景說得誠摯動人、引人入勝。他們對外自然是刀光劍影、求存求利，該怎麼辦便怎麼辦；但講到內部問題時，他們不約而同都嫌團隊動得不夠快、事情想得不夠完整、溝通不夠有效、回應不夠即時等等。

我知道對新創公司而言，生存是個跟時間賽跑的殘酷遊戲，速度決定一切，但上述三家企業中，有兩家早已脫離求生存的階段，完全沒有現金流的困擾。在我看來，如果這樣的團隊動能在創辦人眼裡只能算是及格邊緣，那很多超過三十年的公司動能在他們眼裡大概是完全不及格。

我常跟老闆們互動，包括創辦人、企業主、中高階經理人，因此自認滿能理解

「資方」的立場與想法。我自己也是靠著不斷顯性或隱形地拉高工作標準，才能帶領團隊持續創造出績效。但是，太多老闆過於一廂情願，把事情想得太簡單，認為「轉變」應該像彈個手指那麼簡單又迅速。老闆大都希望自己帶領的組織是跑車，方向盤一扭，車身就跟著轉動。問題是，組織比較像火車，即便是高鐵，也還是一節一節的結構，前進的路途上，必定不只有一個路段，因此會呈現車頭已轉彎，有些車身卻還在九十度彎道上的情況。

人性是抗拒改變的。有些老闆對於文化或組織的調整，擁有不切實際的期待值，對於團隊甚至會產生過於偏頗急躁的負面評價。其實員工都是拿公司的薪水，真的想跟公司正面對著幹的人並不多，大部分的人是願意一起前行的；他們沒有完完全全地以老闆的方式前進，不代表他們實際上沒有前進或努力。

想要看到結果不是問題，有問題的是口氣裡的嫌棄與抱怨。身為老闆，為了解決接踵而來的經營問題，腦袋裡的事情很多，腦速轉得很快，這是老闆角色的本質。然而，會選擇待在新創團隊的人，大概也不會是好逸惡勞的人；老闆不應把一切視為理所當然，而是要給團隊合理的準備時間，對執行過程多多放行，才能真正讓轉變發酵。

改變是短暫表層的，轉變是長期深層的

我在工作坊時，用來區分改變與轉變的一個比喻，是毛毛蟲變成蝴蝶的過程：蛹得經過完全變態，才能成為蝴蝶，飛上天去看見截然不同的風景。

改變與轉變都可能造成生命中某些元素的異動，但轉變的影響範圍更大、影響時間更長久，而且一旦轉變成功，相對比較不容易打回原形。拿我自己來說，一直以來，我很喜歡快速高壓的生活節奏、很習慣用腎上腺素在過日子，我講話快、做事快、情緒起伏大，所有人都給我「慢活」的建議：每年要規劃旅行啦、每天要吃五色蔬果啦……我都有做，但就是無法持續，因為我知道自己其實很享受壓線前的爆發力所帶來的成就感。直到有一次，我因為連續好幾天工作到半夜，大出血送了急診，躺在醫院的病床上，我才開始思考，我的人生還要這樣高速運轉多久？我還

要繼續糟蹋自己的身體多久？沒有健康，一切都可能瞬間歸零。我終於願意慢下來：我開始在行事曆中預留時段給自己、我開始會說「不」、我開始在旅遊時不帶電腦。

相對於我個人的例子，組織的呈現，是所有人想法與行為的總和呈現，有更多、更複雜的變數在其中，任何一個環節都可能使轉變難以發生。因此，**想要看到一個組織的轉變，是沒有捷徑的，你就是要有耐心地等待，最美好的狀態才會變得真實。**

致謝

這本書能出版，要先感謝閱讀人的鄭俊德，他願意為我推薦，給了我很大的信心與支持。感謝時報出版的資深主編陳家仁、編輯黃凱怡、企劃藍秋惠，在書的定向、內容與推廣上給我非常中肯且到位的指導與協助。感謝所有的推薦人，與他們每一位的互動與對話，都是我很珍貴的養分，他們二話不說地願意一起共創這份美好，鮮乳坊與cama甚至誠意十足地主動提供行銷資源，我十分榮幸且感恩。感謝我的摯友Joyce，以及一路上許許多多陪伴我前進與探索的朋友和夥伴們，他們實現了我的幸運與豐盛。最後要謝謝無條件盲挺我的家人們，以及人生夥伴Roy，他很做自己，所以也很讓我做自己，還有我的女兒Ella，她是我人生的北極星。

BIG 386

複利領導：簡單的事重複做，就會有力量！

作　　者—賴婷婷
資深主編—陳家仁
編　　輯—黃凱怡
企　　劃—藍秋惠
封面設計—江孟達
內頁設計—李宜芝
總 編 輯—胡金倫
董 事 長—趙政岷
出 版 者—時報文化出版企業股份有限公司
108019 台北市和平西路三段二四〇號四樓
發行專線—(02)2306-6842
讀者服務專線—0800-231-705・(02)2304-7103
讀者服務傳真—(02)2304-6858
郵撥—19344724 時報文化出版公司
信箱—10899 臺北華江橋郵局第 99 信箱
時報悅讀網—http://www.readingtimes.com.tw
法律顧問—理律法律事務所 陳長文律師、李念祖律師
印　　刷—勁達印刷有限公司
初版一刷—二〇二二年五月二十七日
初版十三刷—二〇二四年四月十五日
定　　價—新台幣三五〇元

複利領導：簡單的事重複做，就會有力量！/ 賴婷婷作 . -- 初版 . -- 臺北市：
時報文化出版企業股份有限公司 , 2022.05
256 面 ; 14.8 x 21 公分

ISBN 978-626-335-322-0(平裝)

1. 領導者 2. 組織管理 3. 職場成功法

494.2　　　　111005433

ISBN 978-626-335-322-0
Printed in Taiwan